Konstantinopel / Landmauer 412-24 Türme 14-19

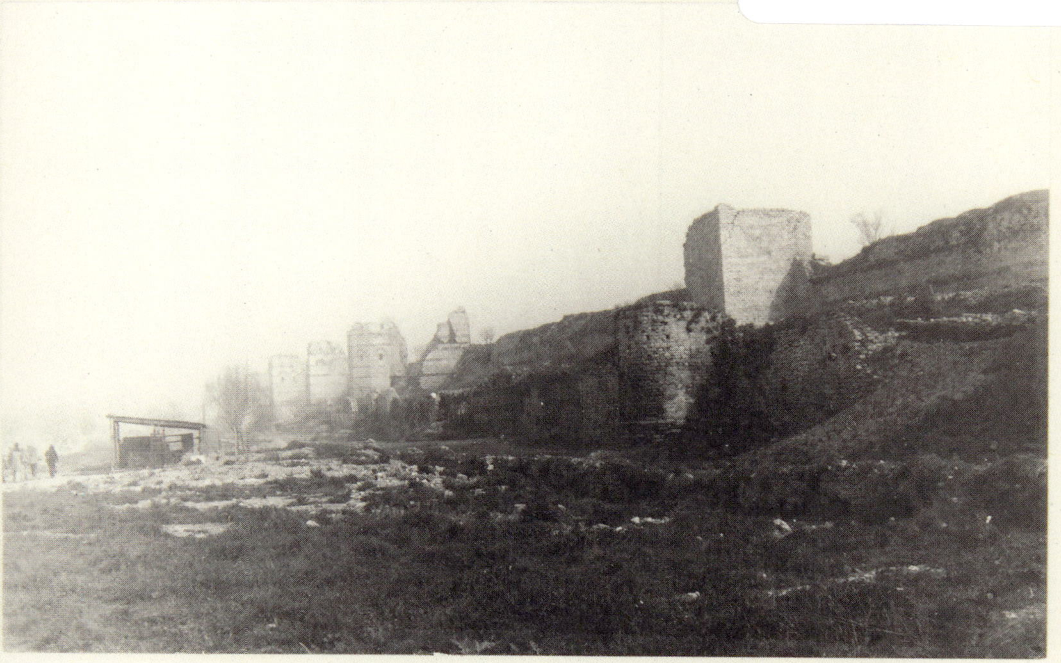

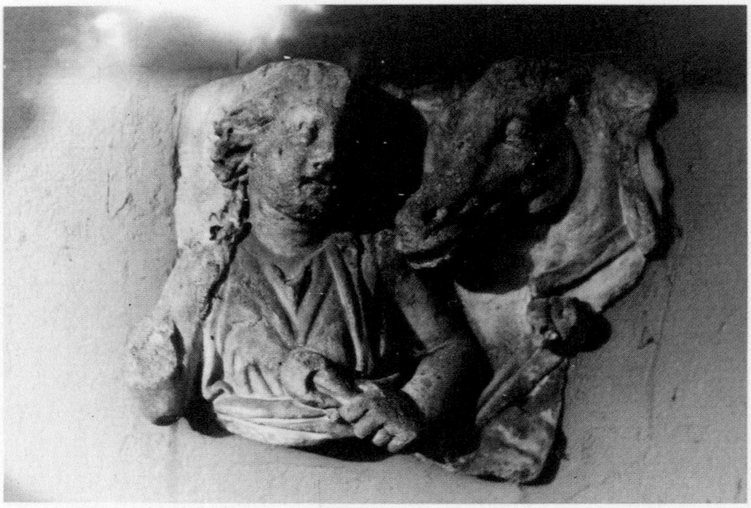

Konstantinopel / Theodosiosbogen Ende 4. Jh. Gebälkstück (Marmor)

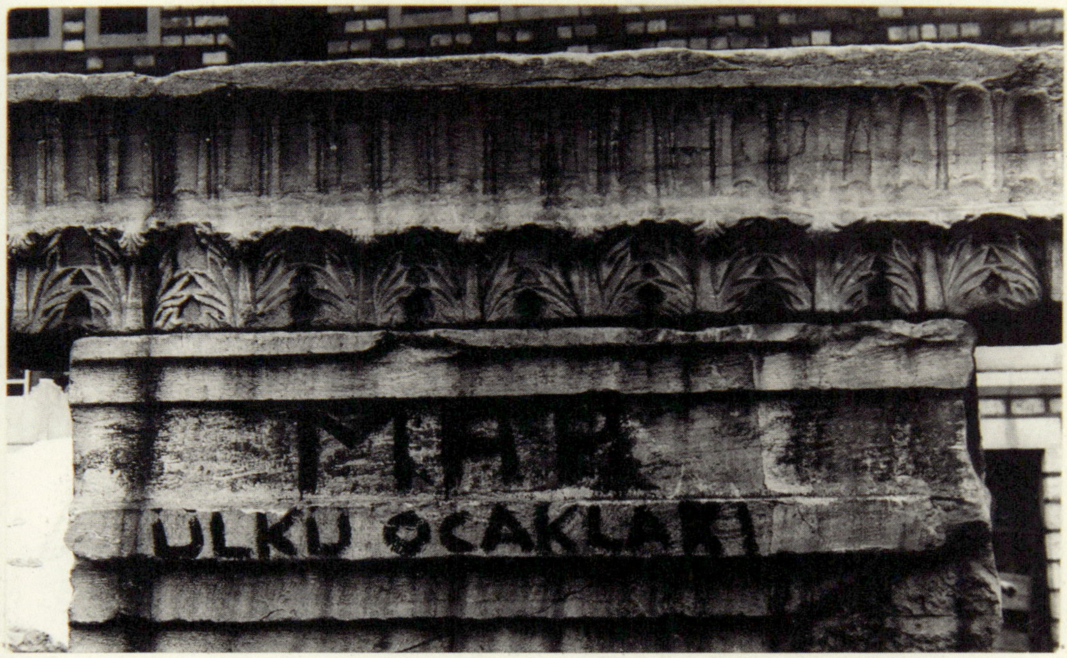

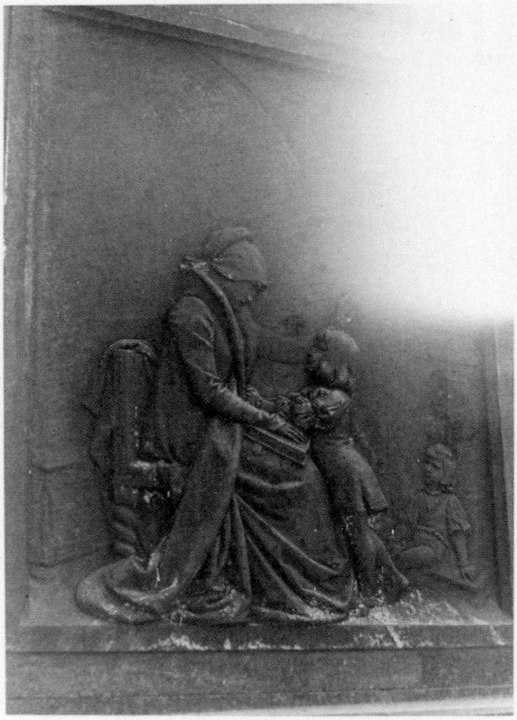

Konstantinopel / Hippodrom ab 203 (4. Jh. Ausbau) Theodosios-Obeliskenbasis um 390 / Südwestseite: Wagenrennen im Beisein des Hofes (Marmor; ges. ca 130 cm hoch)

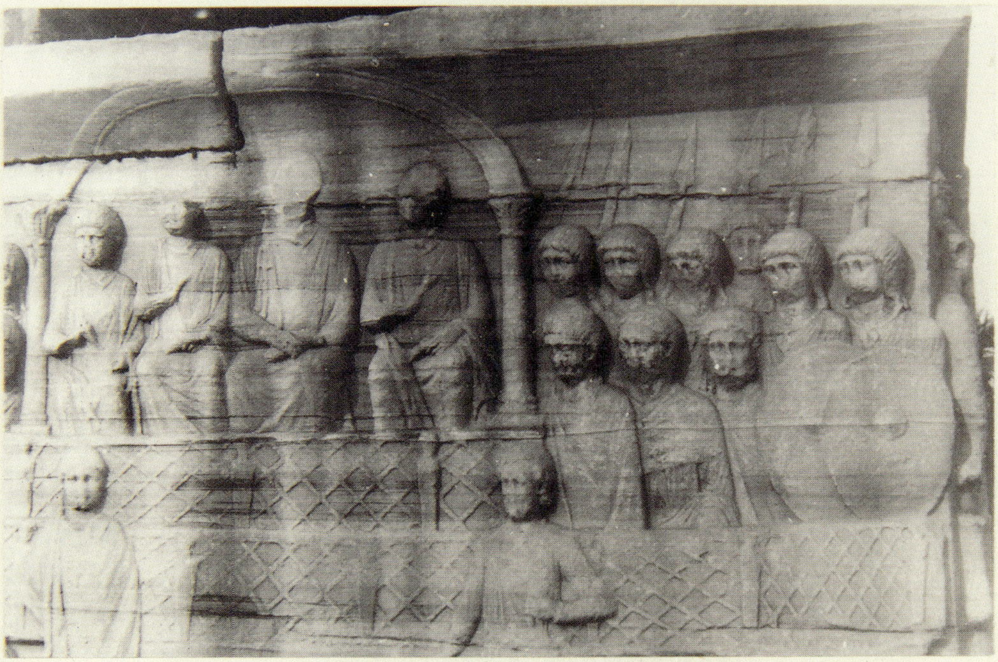

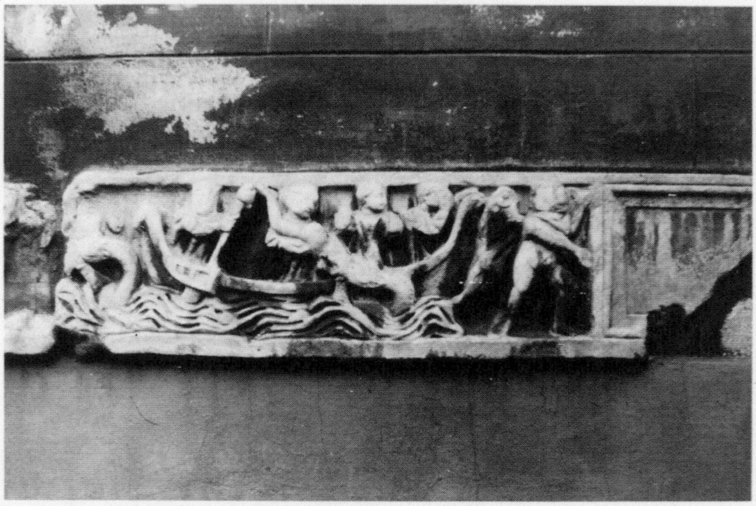

stanbul / Topkapı Sarayı
Blick über die Nordwestflanke vom Balda-
chin des Sultans Ibrahim aus

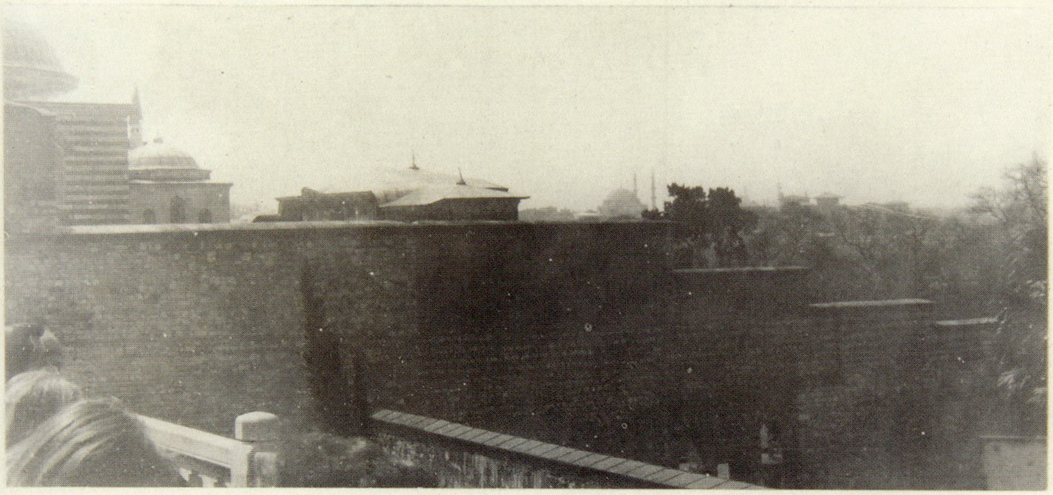

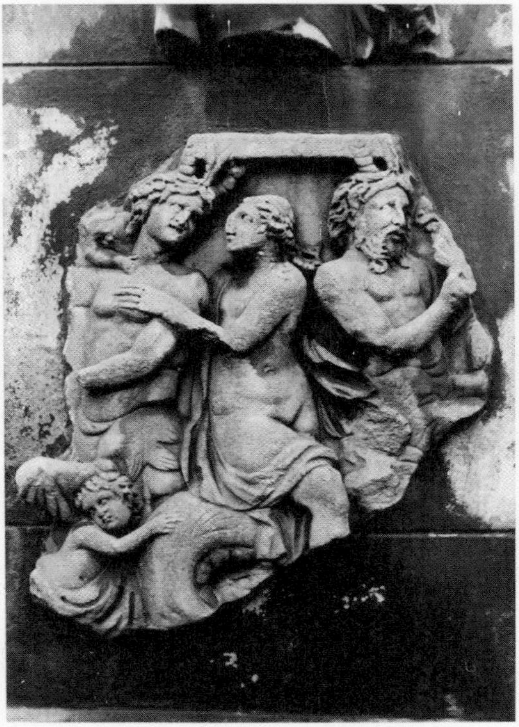

Konstantinopel / Hagia Eirene um 565-70 (nach 740 wiederhergestellt) südwestl. Grabungsareal nach Osten

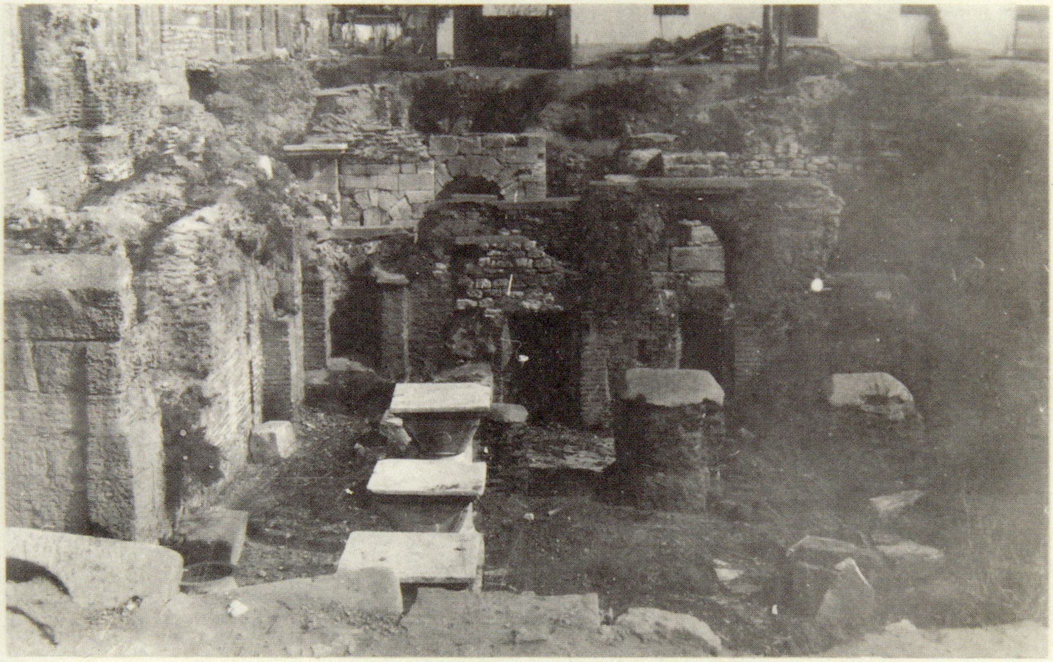

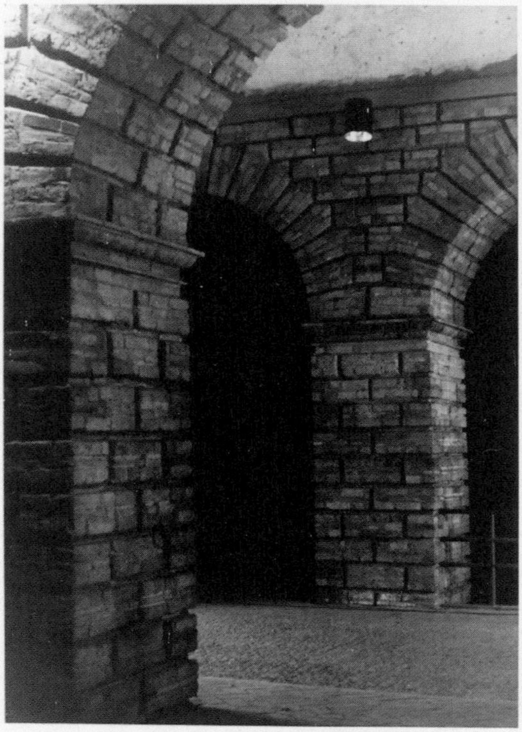

Konstantinopel / Studiu-Kloster / Johannes Prodromos-Kirche 463 gegr. (1057/58 u.
um 1290 Umbauten) Kapitell im Südwesten des Narthex

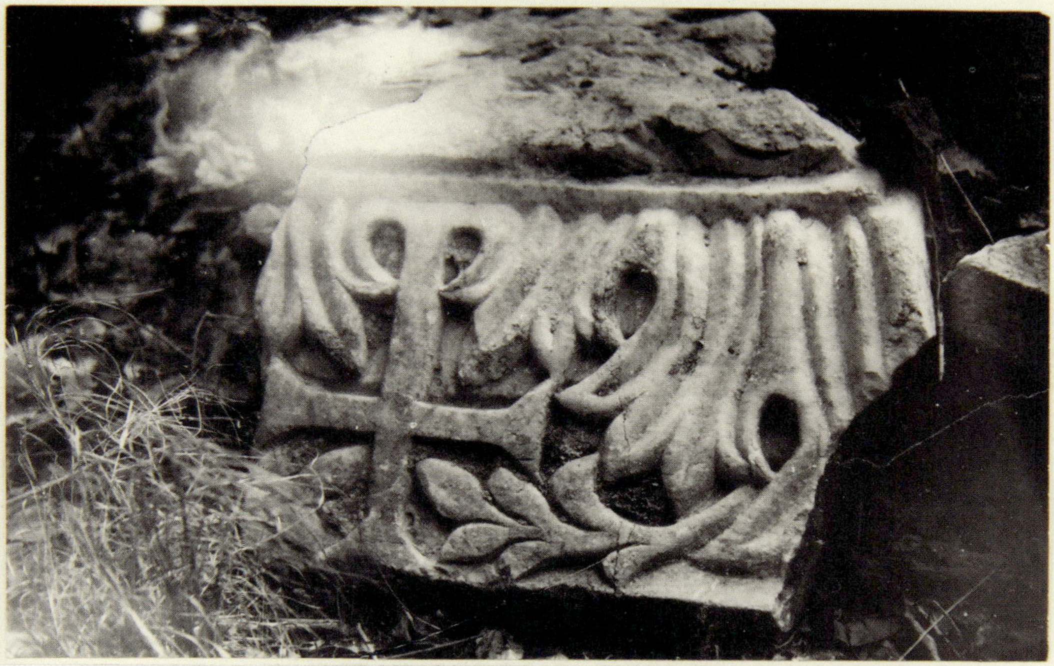

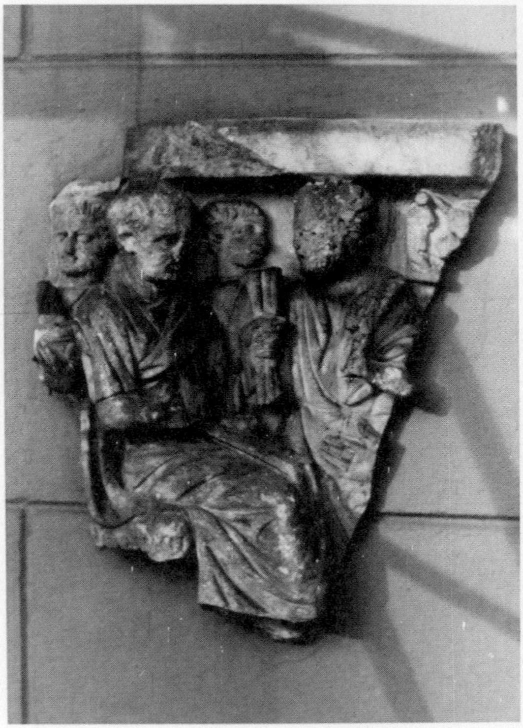

stanbul / Süleymaniye Camii 1550-57 (Sinan) Ansicht von Südwesten

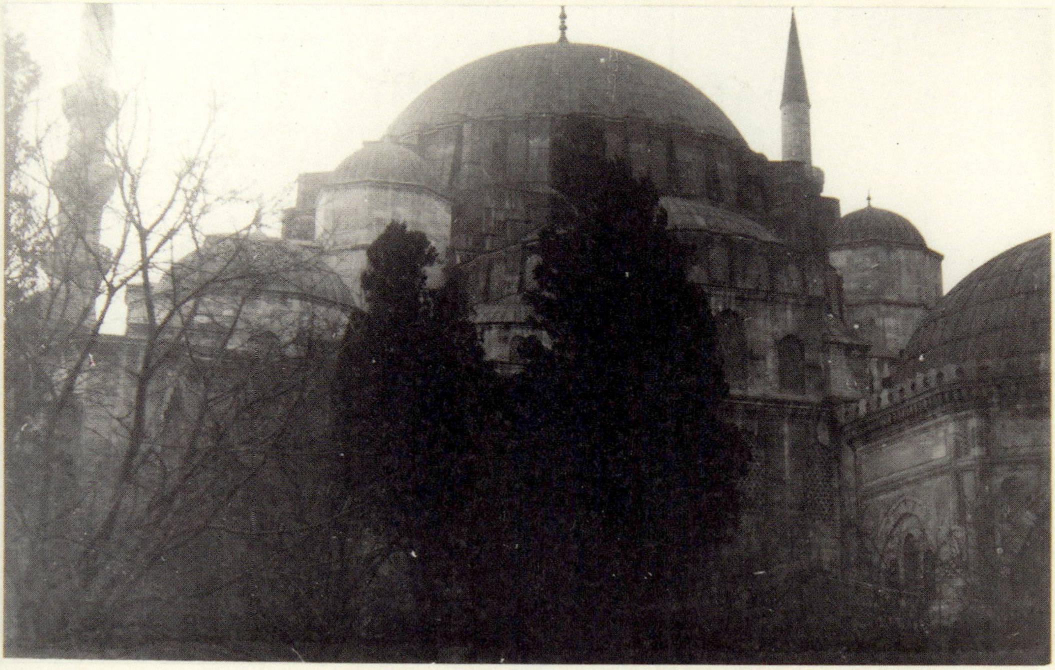

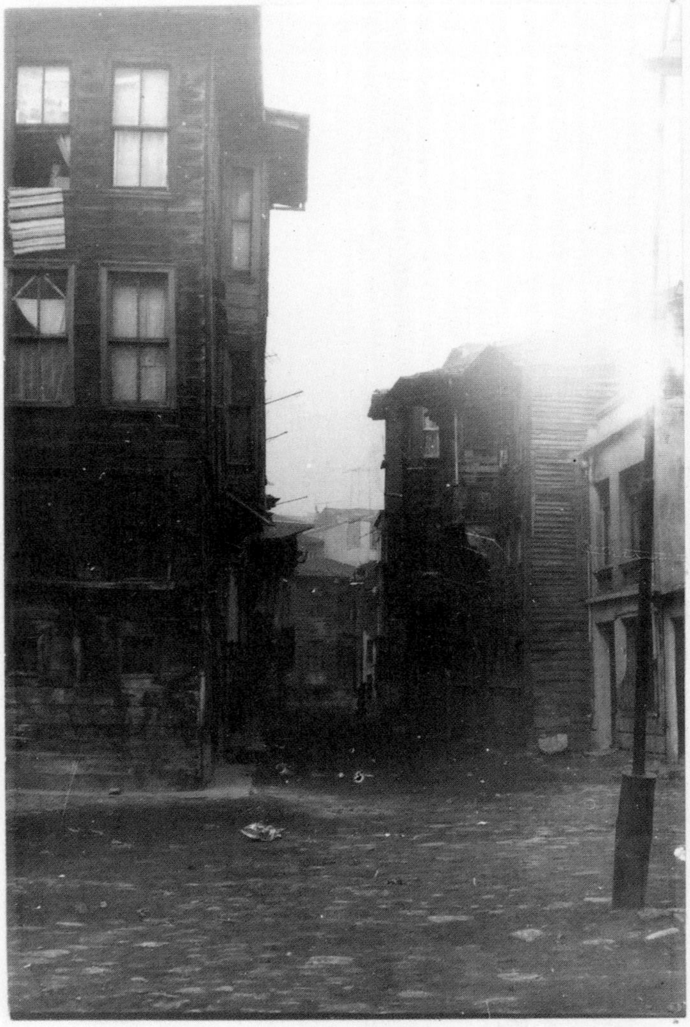

İstanbul / alte Wohnhäuser ca 19. Jh.

13 Tote in der Türkei

Ankara - In der südosttürkischen Provinz Tunceli ist es erneut zu Gefechten zwischen der türkischen Armee und Rebellen der kurdischen PKK gekommen. Dabei wurden zwölf PKK-Kämpfer und ein Soldat getötet. (gh)

SPL02A/2

SIMON WACHSMUTH

Aporia / Europa

Herausgegeben von // Edited by Beate Ermacora

Galerie im Taxispalais, Innsbruck

KERBER ART

VORWORT

Konstruktion und Rekonstruktion von Geschichte sind zentrale Themen im Werk von Simon Wachsmuth, der in der Galerie im Taxispalais erstmals in einer Einzelausstellung vorgestellt wird. Wie wird Geschichte gemacht, wie wird sie erzählt, mit welcher Intention werden historische Themen dargestellt und wie leben diese Darstellungen in einem kollektiven und kulturellen Gedächtnis weiter?

2007 nahm Simon Wachsmuth an der documenta 12 in Kassel teil, wo er im Museum Fridericianum eine mehrteilige Installation einrichtete. Sie setzte sich aus Filmen, einem mit Magnetsteinen nachgebauten antiken Mosaik, das die Schlacht Alexanders des Großen gegen die Perser zum Inhalt hatte, sowie aus Bild- und Textmaterialien zusammen und entzog sich einer schnellen, oberflächlichen Lesart. In reduzierter Formensprache und Schwarzweißästhetik befragte der Künstler das Verhältnis von Gegenwart und Vergangenheit, wobei er wie in seinem gesamten Œuvre die These zugrunde legte, dass Geschichtsschreibung stets die Konstruktion eines bestimmten Geschichtsbildes ist. In seinem Werk webt er ein dichtes Netz aus fragmentarischen Erzählungen, die sich an Leerstellen, Lücken und Negativformen orientieren und sich über das künstlerische Mittel der Abstraktion mit der Wahrnehmung von Welt, mit Erkennen und Erinnern auseinandersetzen. 2009 war auf der 11. Istanbul-Biennale ein zwölf Meter langes Wandbild zu sehen, das seinen Ausgangspunkt bei dem Renaissancemaler Piero della Francesca und seinem von 1452 bis 1466 für die Kirche San Francesco in Arezzo geschaffenen Freskenzyklus rund um Kaiser Konstantin und der Legende vom wahren Kreuz Christi sowie dessen Wiederauffindung nahm.

Die Ausstellung in der Galerie im Taxispalais knüpft an die genannten Präsentationen an und entwickelt sie weiter. Neben der Gemäldeserie *Fehlstellen*, bei der Simon Wachsmuth auf Piero della Francescas Hauptwerk *Die Legende vom wahren Kreuz* zurückgreift, sind die für Istanbul entstandenen Videoarbeiten *Parabase* zu sehen, deren Titel sich vieldeutig auf ein Element der griechischen, politischen Komödie bezieht.

In *Fehlstellen* beschäftigt sich Simon Wachsmuth mit den durch Zeit und Umstände zerstörten Stellen in den Fresken. Er versucht jedoch nicht, diese blinden Flecken in einem kunsthistorischen oder archäologischen Sinne zu rekonstruieren, um möglichst das gesamte Bild wieder sichtbar zu machen. Vielmehr interessiert er sich für die Wirkung und Bedeutung der Lücken und den Vorgang ihrer Ergänzung und Rekonstruktion durch die BetrachterInnen. Die fehlenden Stellen der Fresken überträgt er mit schwarzer Farbe auf Leinwand. So entsteht eine abstrakte malerische Kartografie, die auf Ungereimtheiten und Interpretationen in der europäischen Geschichtsschreibung verweist. Fotografien und Zeitungsausschnitte, die auf der Leinwand befestigt sind, thematisieren gegenwärtige politische Fragen. Die legendenhaften Ereignisse aus den Fresken Piero della Francescas und ihre Lesart als eine Darstellung der damaligen internationalen Politik werden mit der aktuellen Diskussion um die heutigen EU-Außengrenzen verknüpft, während der territoriale Diskurs der Renaissance dem geplanten EU-Beitritt der Türkei gegenübersteht. Auf die Widersprüchlichkeiten der europäischen Politik und Geschichtsschreibung deutet auch der Ausstellungstitel *Aporia/Europa* hin. Der aus der antiken Philosophie stammende Begriff „aporia" bezeichnet eine unauflösbare Problemstellung, im übertragenen Sinne eine Konfliktsituation, die aufgrund von zwei einander widersprechenden, aber dennoch plausiblen und miteinander verbundenen Positionen entsteht.

Ich danke Simon Wachsmuth sehr herzlich für sein großes Engagement bei der Realisierung dieser spannenden Ausstellung. Daniela Hölzl, die Simon Wachsmuths Werk schon lange begleitet, hat einen assoziativen Text entwickelt, der neue Aspekte seines künstlerischen Vorgehens thematisiert. Dafür bedanke ich mich bei ihr vielmals. Ebenso ergeht mein Dank an die Galerie Cora Hölzl, die den ersten Kontakt zu Simon Wachsmuth geknüpft hat. Ich freue mich sehr, dass der Merve Verlag und Walter Seitter Simon Wachsmuths Wunsch nachgekommen sind und die Genehmigung gegeben haben, den 1992 in dem Buch *Piero della Francesca. Parallele Farben* verlegten Text *Eine Legende von einem Holz* hier abzudrucken.

Beate Ermacora
Direktorin
Galerie im Taxispalais

FOREWORD The construction and reconstruction of history are primary themes for Simon Wachsmuth, whose work is being presented in a solo exhibition in the Galerie im Taxispalais for the first time. How is history made, how is it recounted, what intentions are revealed by the way in which historical themes are represented, and how do these images endure in a collective and cultural memory?

In 2007, Simon Wachsmuth was a participant of the documenta 12 in Kassel, where he set up a several-part installation in the Museum Fridericianum. It was assembled from films, an ancient mosaic showing the battle between Alexander the Great and the Persians reconstructed using magnetic bricks, and further pictorial and text material; eluding rapid, superficial reading. Using a reduced formal language and black and white aesthetics, the artist questioned the relation between the present day and the past, whereby – as in his entire œuvre – the underlying thesis is that history-writing is always the construction of a specific picture of history. In his work he weaves a dense network of fragmentary narratives, which are oriented on empty spaces, gaps and negative forms, and contribute to debate on the perception of the world, recognition, and memory using the artistic means of abstraction. In 2009, he showed a 12-metre long mural at the 11th Istanbul Biennial, the impetus for which came from Renaissance painter Piero della Francesca and his cycles of frescoes painted for the Church of San Francesco in Arezzo between 1452 and 1466, featuring Emperor Constantine, the Legend of the True Cross, and its rediscovery.

The exhibition in the Galerie im Taxispalais takes up the aforementioned presentations and develops them further. Besides the series of paintings *Fehlstellen*, in which Simon Wachsmuth has recourse to Piero della Francesca's main work, *The Legend of the True Cross*, it is possible to see the video works made for Istanbul, *Parabase*, the title of which is an ambiguous reference to an element of Greek political comedy.

In *Fehlstellen* Simon Wachsmuth focuses on places in the frescoes by Piero della Francesca which have been destroyed by time and circumstances. But he does not attempt to reconstruct the blind spots in an art-historical or archaeological sense, trying to make the complete image visible again if possible. He is much more interested in the impact and significance of the gaps, and the process by which the viewer completes and reconstructs them. He transfers the missing parts of the frescoes onto canvas using black paint. An abstract, painterly cartography emerges, which points out gaps and interpretations in European history-writing. Photographs and newspaper clippings attached to the canvas pinpoint and investigate today's political issues. The legendary events shown in the frescoes of Piero della Francesca and their interpretation as representative of that period's international politics are linked to the current discussion on the boundaries of the EU, while the territorial discourse of the Renaissance is confronted by Turkey's planned entry into the EU.

The title of the exhibition, *Aporia / Europa*, also underlines the contradictions inherent in European politics and history-writing. The concept of "aporia" was first used in ancient philosophy and signifies an insoluble problem or – in a broader sense – a conflict situation that arises as the result of two contradictory but nonetheless plausible and interconnected standpoints.

I would like to express my deepest gratitude to Simon Wachsmuth for his tremendous commitment to the realisation of this exciting exhibition. Daniela Hölzl, who has been attending the development of Wachsmuth's work for some time now, has developed an associative text examining new aspects of his artistic approach. I would like to thank her very much indeed for this. Thanks are also due to the Galerie Cora Hölzl, which provided the initial contact to Simon Wachsmuth. I am delighted that the publisher Merve Verlag and author Walter Seitter have been good enough to meet Simon Wachsmuth's request and given their permission to reprint the text *A Legend of a Piece of Wood*, first published in the book *Piero della Francesca. Parallele Farben* in 1992.

Beate Ermacora
Director
Galerie im Taxispalais

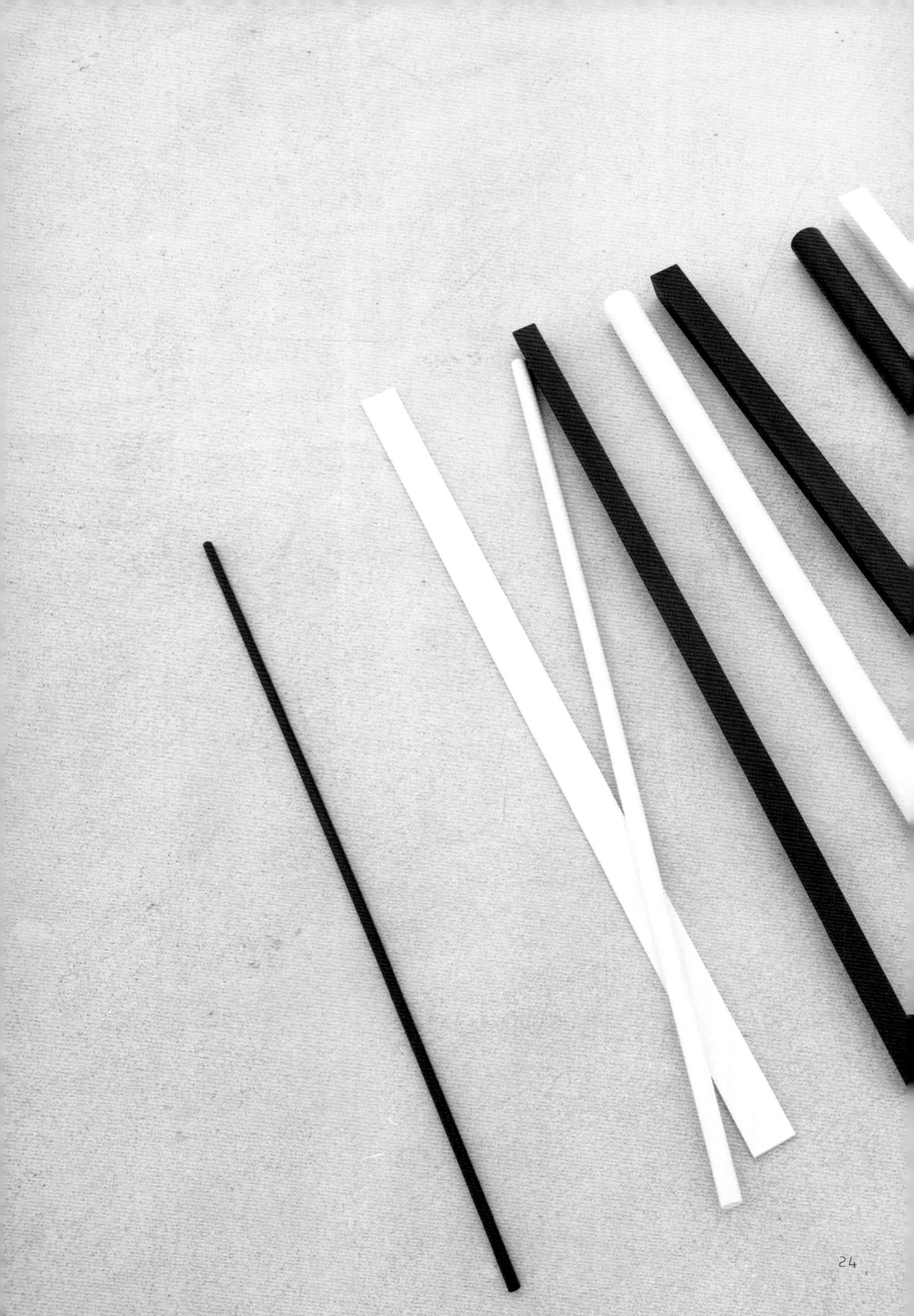

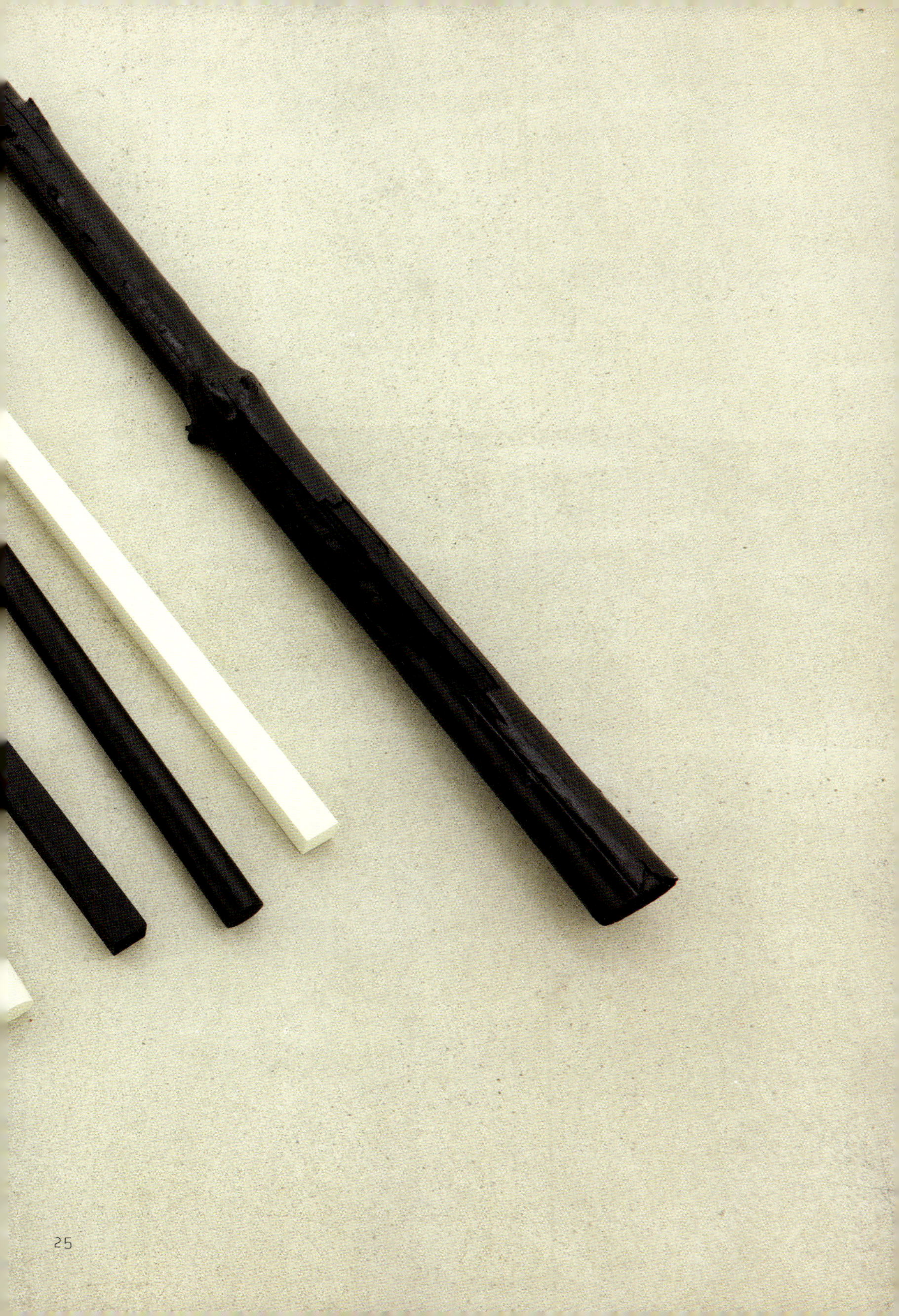

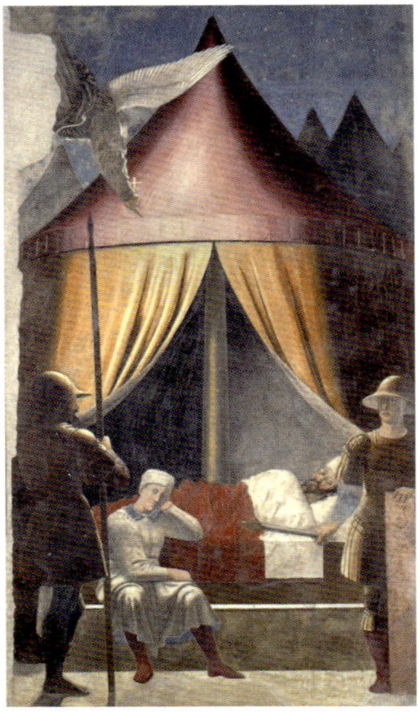

Frei von Metapher und Mythos erarbeitet er
einen schwierigen Kristall: die unendliche
Karte Jenes der alle Seine Sterne ist.

Jorge Luis Borges[1]

EIN SPLITTER VOM HOLZ Eine Aporie, una aporia. Die verschlungenen Wege, die das Holz genommen hat, hat nehmen müssen, geben ein Bild von der Topologie dieses Versuchs einer Übertragung durch Simon Wachsmuth.

In der Kapelle der Familie Bacci in der Kirche San Francesco in Arezzo befindet sich der von Piero della Francesca gemalte Freskenzyklus *Die Legende vom wahren Kreuz*. Diese Legende erzählt vom Kreuz, an dem Jesus gekreuzigt wurde, und den Wegen, die dieses Stück Holz nahm.

Sind die *Fehlstellen* von Simon Wachsmuth ein weiterer Splitter vom Holz des Heiligen Kreuzes?

Der Zyklus *Fehlstellen* von Simon Wachsmuth, entstanden in den Jahren 2008 bis 2010, legt sich wie eine Folie über den berühmten Freskenzyklus von Piero della Francesca in Arezzo. Die in der Galerie im Taxispalais ausgestellte Werkgruppe umfasst zwölf abstrakte Gemälde in schwarzweißer Acrylmalerei auf ungrundierter Leinwand: zum einen großformatige Bilder, zum anderen kleinere Formate, welche Details aus den größeren Bildern zeigen. Neben der kohärenten Gruppe der Malerei sind in der Ausstellung zwei filmische Arbeiten zu sehen.

Die großen Bildtafeln entsprechen in den Proportionen den Fresken aus Arezzo, sind jedoch in einen kleineren Maßstab übersetzt. Übersetzung, Abbildung oder Darstellung – tatsächlich ist es schwierig, eine Bezeichnung zu finden, für die Nachahmung der Negativseite eines Bildes, die zugleich und vorrangig die Negativseite einer Erzählung wäre. Nachempfunden und auf Leinwand übertragen, hat Simon Wachsmuth jene Stellen, die in den Wandfresken fehlen und auf Grund ihrer Nicht-Restaurierbarkeit durch Mörtel ersetzt worden sind.

Es sind unscheinbare Flecken, aber auch größere, flächige Stellen, die den Fluss der Erzählung im Bilde unterbrechen und dabei durch die Materialität des in leichtem Grau gehaltenen Putzes bestechen. Auch wenn vom „unbekannten Bild" in der Regel, unter anderem aufgrund der Verfasstheit unserer kognitiven Fähigkeiten, eine gewisse Faszination ausgeht, scheinen diese vagen Flächen nicht weiter in der Betrachtung der Renaissancefresken zu irritieren, verleihen diesen höchstens als Abdruck der Zeit mehr Authentizität.

Simon Wachsmuth hat nicht alle Fresken des Arezzo-Zyklus aufgenommen, sondern jene Szenen, in denen strategisch die notwendige Überlegenheit der christlichen Lehre demonstriert wird. Diese scheint unwiderlegbar und gründet auf der Echtheit des Kreuzes, vor allem aber auf seinem Besitz. Ein ähnlich selektives Vorgehen ist in Peter Weiss' Roman *Ästhetik des Widerstands*, der in zehnjähriger Arbeit zwischen 1971 bis 1981 entstand, zu beobachten. Der Autor greift ebenfalls nur drei Fresken des Zyklus heraus, – zwei Schlachten und die Prüfung des Kreuzes. Geprüft wird dabei von den Protagonisten des Romans welche Erkenntnis aus den repräsentativen Schlachtenbildern für ihren eigenen, klassenbedingten Standpunkt gewonnen werden kann. Für Simon Wachsmuth sind es ebenfalls die Schlachten, welche den Kern, die Aussage der Fresken repräsentieren. Neben der zentralen *Schlacht zwischen Konstantin und Maxentius* ist die *Schlacht zwischen Heraklius und Khosrau* herausgegriffen und auf abstrakt analysierende Weise in Schwarzweißmalerei wiedergegeben. Zusätzlich bearbeitet er die *Verkündigung* und den *Traum des Konstantin*, die beiden prophetisch-visionären Szenen, welche die Initiationspunkte der Erzählung von der *Geschichte vom wahren Kreuz* markieren.

Die szenischen Darstellungen der Fresken liegen ihrerseits über einer Erzählung, über einem Fragment aus einer Kompilation von Geschichten. Dieser Splitter entstammt der zu ihrer Zeit hochberühmten Legendensammlung *Legenda aurea* des Jacobus de Voragine aus dem Jahr 1272. Die Geschichte von der Auffindung des wahren Kreuzes ist allerdings in dieser Legendensammlung so nicht enthalten. Die Sammlung folgt in ihrer Anordnung dem Kirchenjahr und ihre Funktion sowie der historische Rahmen sind ganz andere als die Verwendung der Vorlage für den Freskenzyklus suggeriert. Die Geschichte von Verlust und mehrfacher Findung des Kreuzes scheint aber allgemein bekannt gewesen zu sein. Darin werden biblische Motive mit historischen Begebenheiten aus Rom und Byzanz und weiteren heterogenen und narrativen Elementen zu einer Erzählung verbunden und insgesamt mythisch wiedergegeben.

In diesem Speicher der Erzählungen verläuft die entscheidende Schlacht, in der die Truppen des Konstantin das Heer des Maxentius besiegen, leicht und unblutig, da im Zeichen des Kreuzes sich nur erfüllt, was so bestimmt war. *Die Ästhetik dieses Widerstands ist eben unwiderlegbar*. Dank seiner Vision des Kreuzes besiegt Konstantin den durch die Götter des Polytheismus legitimierten Rivalen. Im Begriff das Erbe des Römischen Reiches anzutreten, wählt Konstantin im 3. Jh. nach Christus das noch unbedeutende, teils verfemte Christentum zu seiner offiziellen Religion. Das entstehende Byzantinische Reich wird so zum Inbegriff einer Synthese. Kirche und Staat bündeln die Kräfte der untergehenden Welt des Hellenismus, des Judentums und des Römischen Kaisertums, ausgehend von einer symbolischen und performativen Geste, dem Traum eines Feldherrn.

Simon Wachsmuths Bilder liegen über den Fresken, die Fresken liegen über den Geschichten und einer Legende, deren Quelle ein weit verzweigtes Delta zu sein scheint. Diese palimpsestartige Schichtung wird durch zahlreiche Interpretationen der Fresken Piero della Francescas gesteigert und bietet Bezugnahme und Inspiration über Jahrhunderte. Die Legende vom wechselhaften Schicksal des Heiligen Kreuzes zeigt sich dem zeitgenössischen Anspruch der frühen Renaissance gemäß. Die alttestamentarischen Figuren und Legenden um den sterbenden Adam, die Königin von Saba und den König Salomon werden, ergänzt um die Züge einflussreicher Zeitgenossen, als wahre Geschichten erzählt.

Das Bildprogramm der Arezzo-Fresken folgt einem politischen, einem propagandistischen Impuls. Im Auftrag der Franziskaner verwirklicht Piero in subtiler Schönheit und raffinierter Einfachheit die Botschaft vom historisch richtigen und metaphysisch unabdingbaren Sieg des Christentums über die Andersgläubigen, namentlich die Bedrohung durch den Islam, durch die Osmanen im Osten und die Mauren im Westen.

Simon Wachsmuth abstrahiert die Speicher des kulturellen Gedächtnisses, in welche diese Bewegungen eingeschrieben werden. Der Transfer von West nach Ost, von Ost nach West ist eine wichtige Denkfigur in seinem Werk. Ein Transfer, der die Ökonomie betrifft, die Macht und den Diskurs, vor allem aber die Formen.

Die „Tiefenstruktur historischer Einbildungskraft" wie sie der Historiker Hayden White nennt, ist durchsetzt von Projektionen und der *Wieder-Erkennung* von Gestalt. Die Konstruktion der geschichtlichen Wahrheit entsteht daher als eine Folge von Narrationen, ein Geflecht von Geschichten, das verschiedene Zeiten und Zeit von unterschiedlicher Qualität umfasst. Indem Mythen und Ideologien wie Heldengeschichten immer wieder erzählt und in Bildern gezeigt werden, erzeugt sich in ihnen Realität. Das Wirken von Inhalten verdankt sich also den Formen, die Ähnlichkeit erzeugen.

Vergegenwärtigung von Vergangenheit ist die Wahrheit des Historikers. Den Begriff der „Vergegenwärtigung" wählt der Geschichtsphilosoph Reinhart Koselleck, um zu zeigen, dass Erinnern nur als Erleben stattfindet. Formen der reinen Vergangenheit aktualisieren sich immer als Gegenwart. Offensichtlich ist auch der Freud'sche Begriff der Entstellung durch den Traum und jener des Traums durch die Erzählung in den Erfindungen des Historischen gültig. Es könnte daher rühren, dass uns in der Kohärenz der Erzählung das Erinnerte als Empfindung jeweils neu erscheint.

Die Erinnerung bedarf der Formen: in den Bildern, den Bauwerken und den Orten, in den Mythologemen, jenen kleinen Einheiten, aus denen sich die Geschichten zusammensetzen. Da, wo Inhalte gespeichert werden, sind die Flächen der Bilder und Objekte imprägniert. Im An-Sehen und im Sagen-Hören aber öffnen sich die Speicher, die nicht nur der Einzelne trägt, die im Gegenteil vor allem in das Kollektiv eingeschrieben sind.

In den nachgemalten Flächen der *Fehlstellen*, die nicht mehr erinnerte Stellen abbilden, an jenen Orten also, an denen das Grau der Mauerreste, statt Putz und Farbe, die Erinnerung hält, zeigt sich dann die Brüchigkeit eines jeden Gedächtnisses. An denselben Stellen wird mit der notwendigen Brüchigkeit die hegemoniale, gewaltsame Überschreibung von Interessen sichtbar und die Erinnerung des Einzelnen wird zum „kollektiven" Wissen geweitet.

An der Bruchstelle wird also ergänzt. Die „Figur" der Ergänzung findet sich im Thema der Konstruktion von Vergangenheit, wie in der Gestalt des Erinnerten.

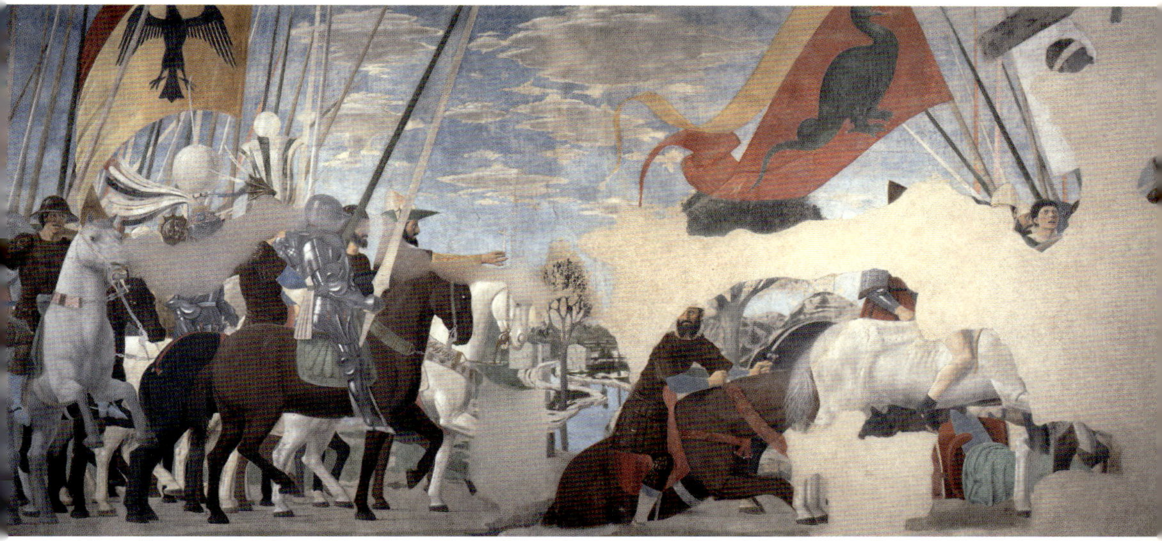

Das Fehlende ergänzen. Das Ähnliche zum Knoten verdichten. Die Bildtafeln der *Fehlstellen* erweisen sich in Form von abstrakter Malerei als Darstellung eines narrativen Dispositivs. Die Malerei, auch die abstrakte, entwirft ein Modell, sie ist ein Modell. Die schwarzen Formen auf weißem Grund scheinen zwar formlos, „informe" zu sein, sie öffnen jedoch den Raum auf zweifache Weise. Als reine Malerei knüpfen sie an die Tradition der klassischen Moderne, assoziativ aber verbinden sich die Formen mit der Kartografie, also der Kunst, die den Raum erfinden und Interaktionen darstellen kann.

Die Flachheit der abstrakten Malerei, das Fehlen jeder illusionistischen Tiefe hat die Bildräume für neue Objekte und Dimensionen geöffnet. Diese Erfahrung verbindet sich in der Entwicklung der klassischen Moderne mit den klaren Farbflächen eines Piet Mondrian. Eine weitere Öffnung geschah, im Wesentlichen durch Größe, in den Farbflächen von Barnett Newman. Auch dieser „Zip" auf die Zeit hin wird in Wachsmuths Bildern sichtbar. Die Tafelbilder öffnen sich, sie sind Bildtafeln, werden zu Trägern ihrer selbst und vielem anderen darüber hinaus.

Durch die Verschiebung der Größenverhältnisse, die Wahl der Ausschnitte sowie der Vergrößerung des Motivs zu einem monumentalen Wandbild verstärkt sich der Eindruck einer Landkarte. Eine Stelle aus der Konstantinschlacht wird unversehens zur Schnittstelle zwischen Europa und Asien am Bosporus. Auf diese Leinwand pinnt Simon Wachsmuth mit Nadeln einen Zeitungsausschnitt zum Thema des heftig diskutierten EU-Beitritts der Türkei. Der Inhalt dieser gestischen Handlung erweitert sprunghaft die Fülle der Konnotation zu diesem Ort und den angrenzenden Themen.

Die nachempfundenen Fehlstellen und die den Bildern beigegebenen Zeitungsausschnitte und Archivkarten sind Fragmente jeweils anderer Kontexte. Diese werden nicht immer aufgeschlüsselt, sie beziehen Klarheit aus weiterer Verrätselung. Die integrierten Archivkarten, Träger von Schwarzweißfotografien aus Konstantinopel, stammen aus einer privaten, akribisch zusammengetragenen Sammlung, die offensichtlich kunsthistorisch versiert zusammengestellt wurde. Die fremde Welt des unbekannten Sammlers überschneidet sich mit öffentlichen Interpretationen und dem Interesse an Kulturen vergangener Epochen und ihren Schätzen. Diese Fragmente und Partikel sind zwangsläufig strukturell überdeterminiert, sie eröffnen eine neue Form von Zeitlichkeit. Der Künstler gibt der Zeit wieder einen Raum. Er setzt sich der Öffnung des Bildes, die der Struktur des Symptoms gleicht, der Öffnung auf die Zeit hin, aus.

„Die Geschichte ist Gegenstand einer Konstruktion, deren Ort nicht die homogene und leere Zeit ist, sondern die von Jetztzeit erfüllte", so Walter Benjamin in seinem Aufsatz *Über den Begriff der Geschichte*. In der Kunst geht es immer, entgegen jeder Wahrscheinlichkeit, darum, eine „Form mit Gegenwart" zu finden.

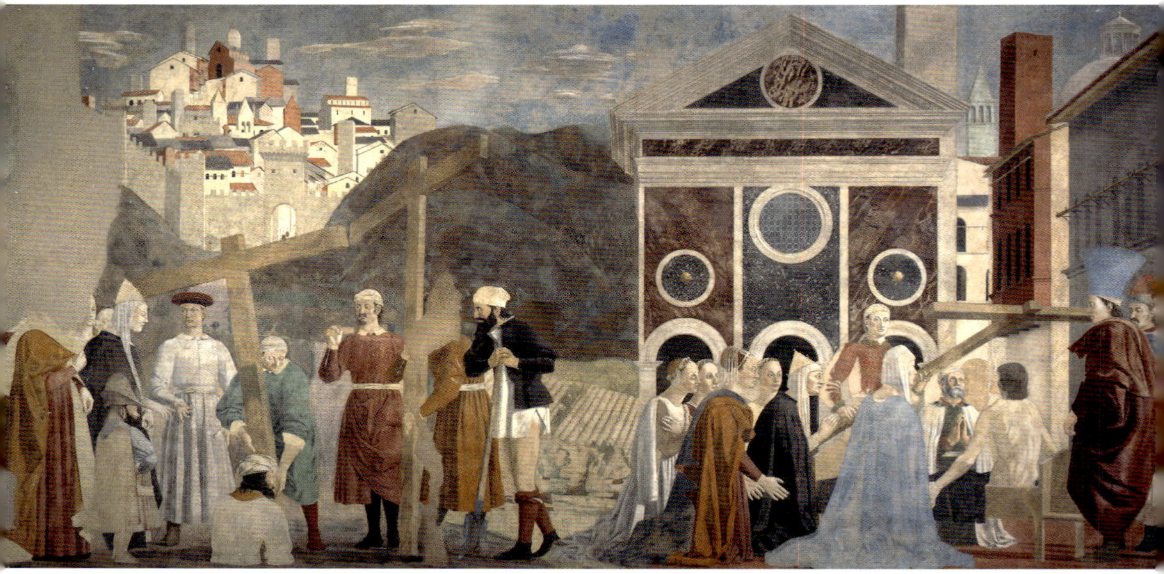

Übertragen, hinübertragen, hin und her: metaphorá Die Renaissance entdeckte mit der griechischen Philosophie die antike Rhetorik wieder. „Gute Metaphern zu bilden bedeutet, dass man Ähnlichkeiten zu erkennen vermag," sagt Aristoteles.[2] Es ist eine Ähnlichkeit mit unähnlichen Mitteln. Die dichte Verweisstruktur in Bildern und Geschichten, welche die Fresken von Arezzo präsentieren, sind eine Kette von Metaphern – *unbedingt*. In ihnen wird ausgesagt, was in der Darstellung fehlt. Oder *dass* etwas fehlt.

Auch im Zentrum der Fresken von Arezzo steht eine Auslassung. Die zentrale Figur der Geschichten um das wahre Kreuz – Christus – bleibt ausgespart. Die Figur des Erlösers wird zitiert als Prophezeiung im Wort Gottes an die Jungfrau Maria, übermittelt durch einen Engel und im Symbol des Kreuzes – das Zeichen, in dem Konstantin siegen wird. Diese beiden visionären Szenen eröffnen der Ansammlung von Metaphern in historischen und mythischen Ereignissen und Erzählungen eine andere Zeit, ein blitzhaftes Jetzt, das sich immer schon erfüllt hat.

Die Verkörperung indes geschieht dem materiellsten Element, dem unwürdigsten Diener, wie Walter Seitter schreibt. Das Holz wird gepflanzt und gefällt, verbannt, verworfen, vergraben, wieder gefunden und aufgerichtet. Um seinetwillen wird gefoltert, es wird angebetet und verehrt. Seinen Anfang nimmt dieses Holz als Zweig, als Reis vom Baum der Erkenntnis. In einem Fresko, das in der Werkgruppe der *Fehlstellen* nicht zitiert wird, ist diese Ursprungsszene zu sehen: Der Erzengel überreicht einen Zweig an Seth, den Sohn, für den sterbenden Adam. Dieser hatte um das Öl vom Baum des Mitleids im Paradies gebeten und erhält nun diesen Zweig vom Baum der Erkenntnis (oder der Sünde, wie manche sagen). Der Zweig, auf das Grab des Ur-Vaters von Generationen von Sterblichen gepflanzt, wird über die Jahrtausende zum Baum wachsen, aus dem das Kreuz gefertigt werden wird. Das Ereignis beginnt in der Zeit vor der Zeit, doch mit ihm nimmt die Zeit der Geschichten ihren Anfang.

In der Schönheit der Maserung, der Vertikalität und vektoriellen Diagonale des Balkens zeigt der Maler Piero della Francesca, der auch Mathematiker war und die *more geometrico* der Immanenz kannte, dass einzig die Materialität des Holzes, seine materielle Präsenz zählt – dies ist, was gezeigt werden kann: die Form.

Der Traum des Konstantin, jenes Fresko, in dem das Kreuz als Zeichen geträumt wird, ist in der Kapelle zentral angebracht. Unter einem Zelt, das getragen wird von einem hölzernen Balken (und dessen Vertikalität), schläft der Kaiser und träumt. Er befindet sich nicht in derselben Zeit wie die Figuren seiner Umgebung.

Vor dem Zelt, an das Bett des Kaisers gelehnt, sitzt eine Figur, ein junger Leibwächter, und blickt den Betrachter unverwandt, wenn auch etwas skeptisch an, über die Zeiten hinweg. Von diesem Blick ist in der Wiederaufnahme des Freskos durch Simon Wachsmuth ein unklarer Rest geblieben. Wenn auch damals eine bestimmte Geschichte des Abendlandes und der Bilder begonnen hat, sind dies nur einige Flecken, deren Bedeutung sich nicht genau bestimmen lässt. Der Traum und der Blick sind nicht dasselbe.

DANIELA HÖLZL

1 Jorge Luis Borges, aus: „Spinoza", in: Jorge Luis Borges, *Das Handwerk des Dichters*. Übersetzt aus dem Englischen von Gisbert Haefs (München, 2002).

2 Aristoteles, „Poetik", 22 1459a, in: Anselm Haverkamp, *Metapher. Die Ästhetik in der Rhetorik* (München, 2007), S. 32.

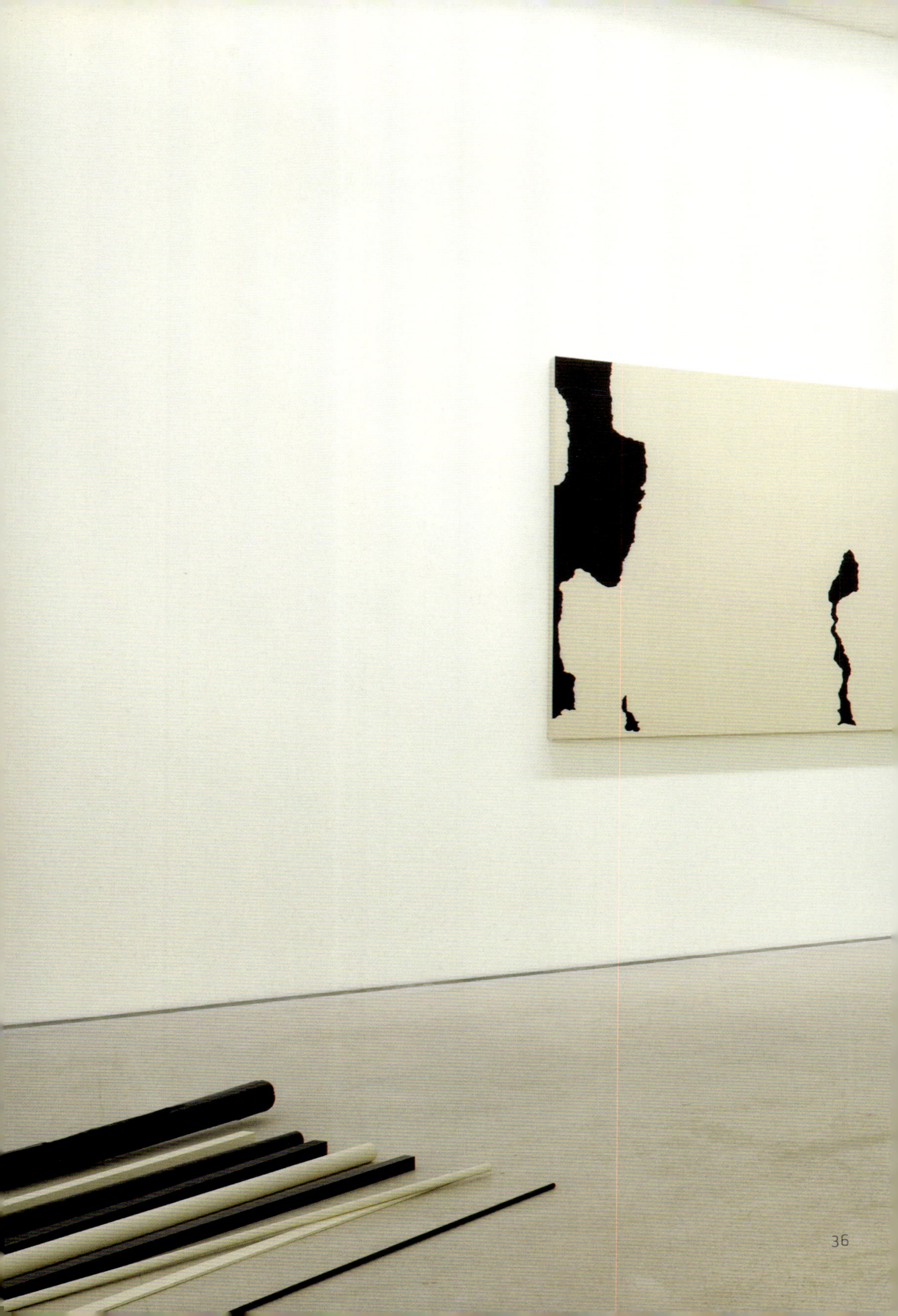

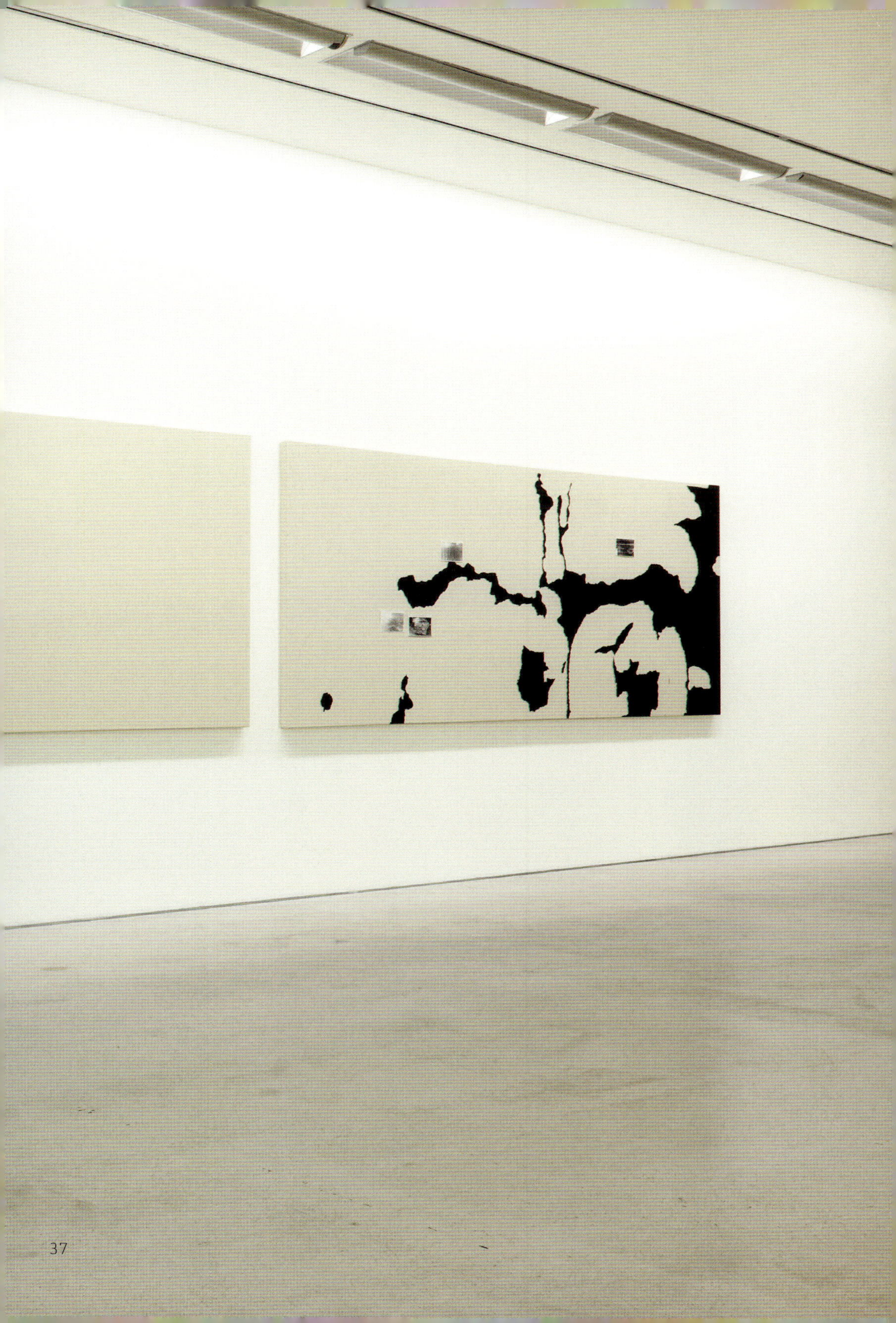

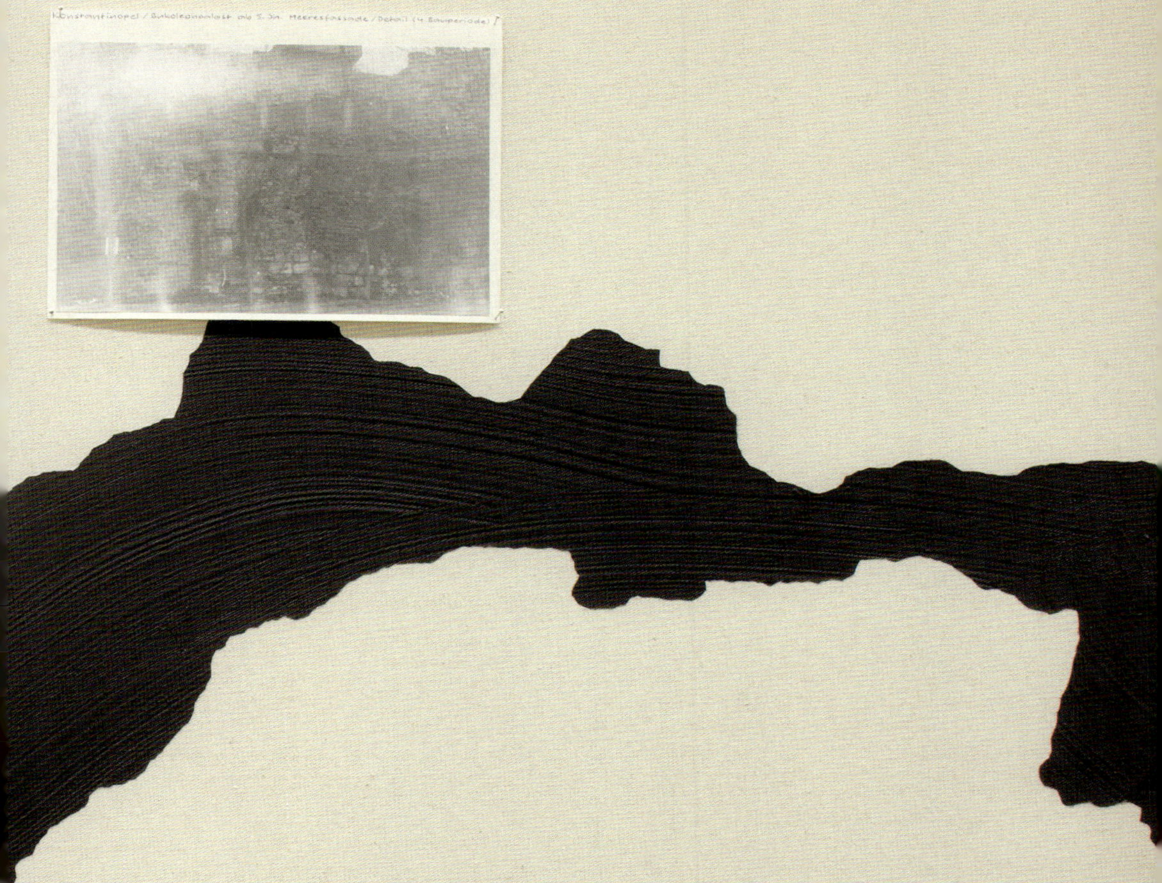
Konstantinopel / Bukoleonpalast ab 5. Jh. Meeresfassade / Detail (4 Bauperiode)

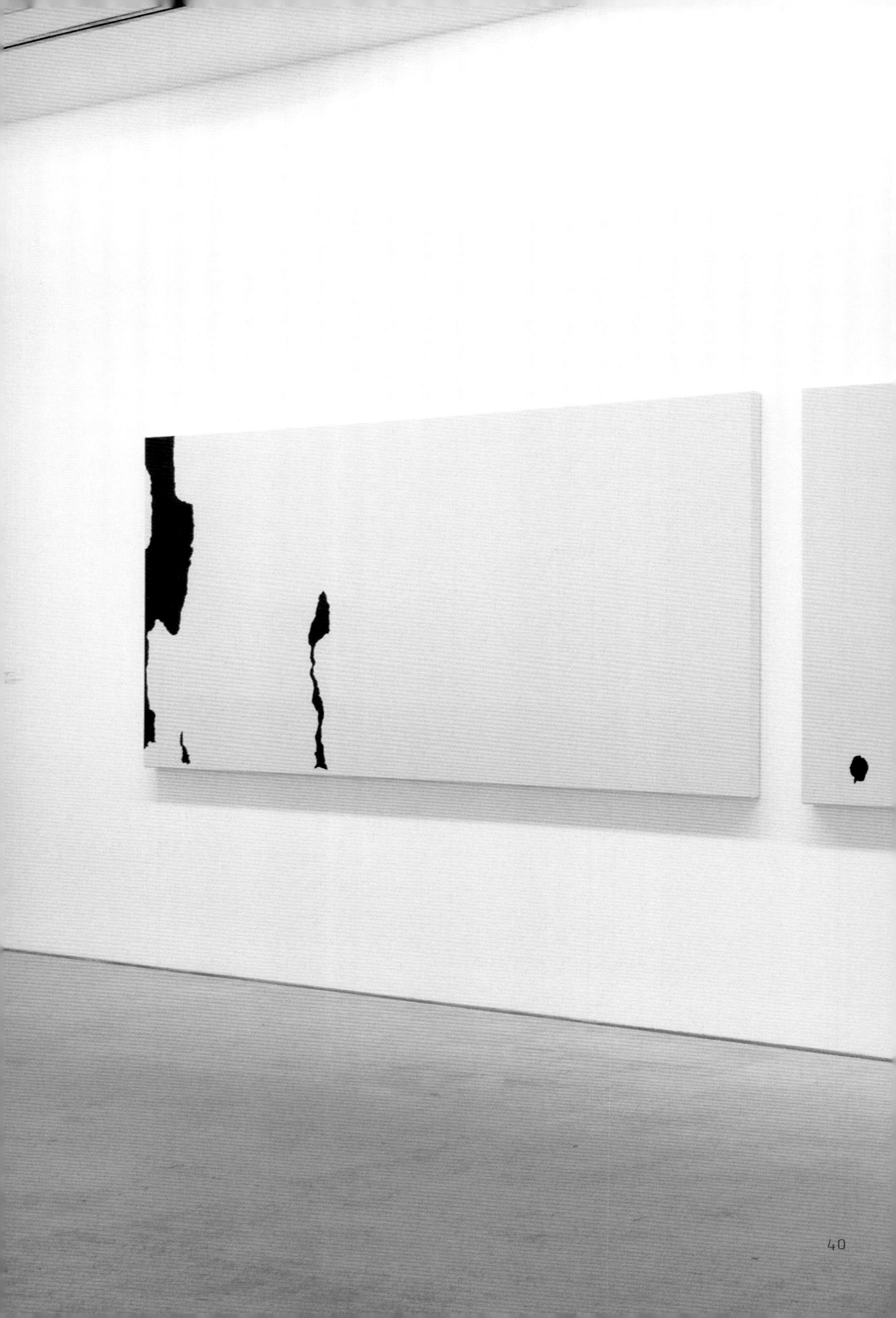

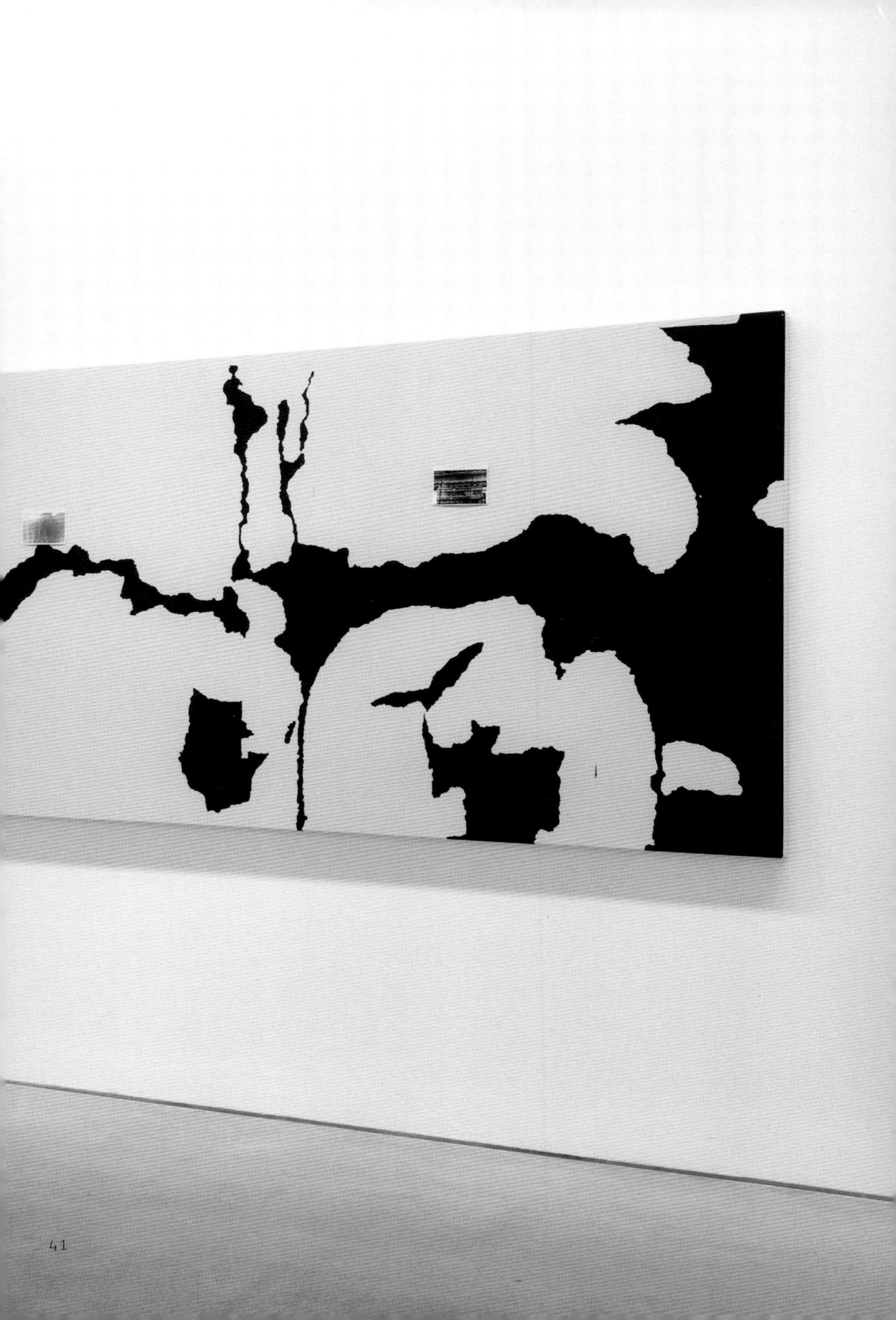

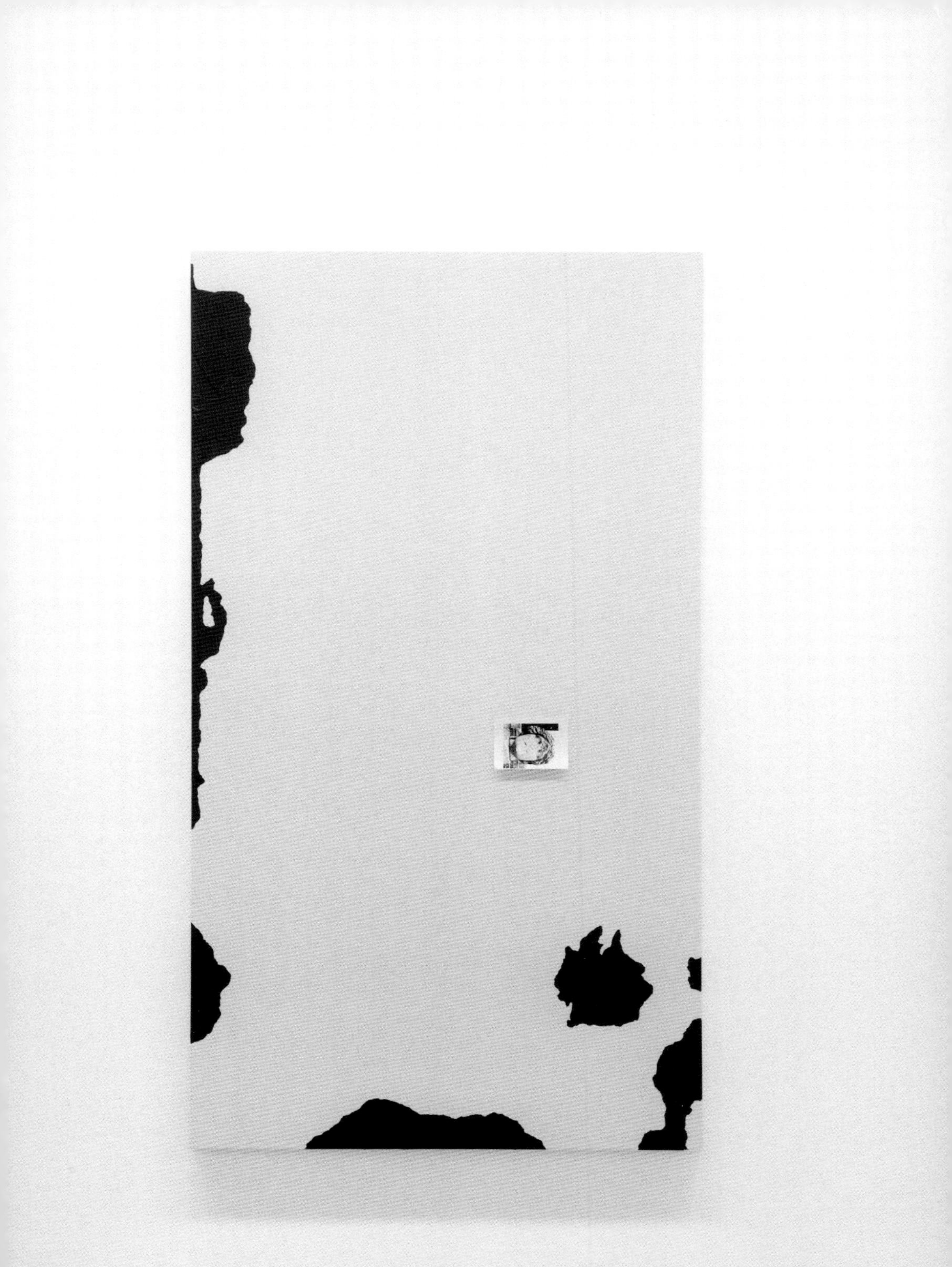

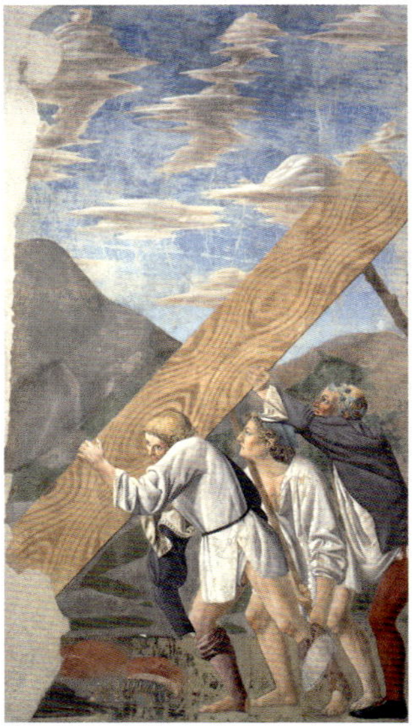

Free of metaphor and myth, he grinds
a stubborn crystal: the infiinite
map of the One who is all His stars.

Jorge Luis Borges[1]

A SPLINTER OF WOOD

An aporia, una aporia. The intricate paths taken by the wood, paths that it was forced to take, offer an image of the topology of Simon Wachsmuth's attempt at translation.

The cycle of frescoes *The Legend of the True Cross*, painted by Piero della Francesca, can be found in the Bacci family chapel in the Church of San Francesco in Arezzo. The legend is about the cross on which Jesus was crucified and the paths taken by this particular piece of wood.

Are Simon Wachsmuth's *Fehlstellen* (Missing Parts) another splinter from the wood of the Holy Cross?

The cycle *Fehlstellen* by Simon Wachsmuth, produced from 2008 to 2010, can be conceived as a foil overlaying the famous cycle of frescoes by Piero della Francesca in Arezzo. The group of works exhibited in the Galerie im Taxispalais comprises twelve abstract paintings; in black and white acrylic paint on non-primed canvas. Some are large-format paintings, while others are smaller formats showing details from the bigger pictures. In addition to this coherent group of paintings, it is also possible to see two filmic works in the exhibition.

The proportions of the larger painted panels correspond to the frescoes of Arezzo, but they have been translated to a smaller scale. Translated, reproduced or represented – it is certainly difficult to find a word for this copying of the negative side of a painting, which, at the same time and indeed primarily, represents the negative side of a story. Simon Wachsmuth has recaptured and transferred onto canvas the places that are missing in the frescoes and now replaced by mortar because it is impossible to restore them.

There are some very inconspicuous places as well as larger areas that disturb the flow of the narrative in the image. They are immediately striking due to the materiality of the plaster, which is a light grey. Although as a rule the "unknown image" radiates some fascination, because of the way our cognitive capabilities are constituted among other things, these vague areas do not seem to irritate the viewer much when contemplating the Renaissance frescoes; at most, they lend them greater authenticity as an imprint of time.

Simon Wachsmuth did not include all the frescoes of the Arezzo cycle in his work, but only the scenes in which the essential superiority of Christian teaching is strategically demonstrated. It appears irrefutable due to the authenticity of the cross, but also – primarily – due to its possession. It is possible to observe a similar approach in Peter Weiss' novel *The Aesthetics of Resistance*, which was written in ten years' work from 1971 to 1981. The author also picks out only a few parts of the cycle, three frescoes – two battles and the testing of the cross. Here, the protagonists of the novel assess what insights can be gained from the representative battle scenes for their own, class-determined standpoint. Simon Wachsmuth also sees the battle scenes as the heart, the key message of the frescoes. In addition to the *Battle between Constantine and Maxentius*, he selects the *Battle between Heraclius and Khosrau* and reproduces them in his own, abstract way in black and white painting. He also works on the *Annunciation* and *Constantine's Dream*, the two prophetic-visionary scenes that mark the starting points to the narration of the *Legend of the True Cross*.

In their turn, the scenic depictions of the frescoes correspond to a narrative, a fragment from a compilation of stories. This splinter comes from the collection of legends *Legenda aurea* by Jacobus de Voragine, which appeared in 1272 and was very well-known in its time. In this form, at least, the story of the discovery of the True Cross is not included in this collection of legends. The order of the collection follows that of the church year and its function and historical framework are very different to what might be suggested by its use as a model for the cycle of frescoes. However, it seems that the story of the loss and rediscovery of the cross was generally familiar. Here, biblical motifs are combined with historical events from Rome and Byzantium and other heterogeneous and narrative elements to create a story, and this whole is rendered in a mythical way.

It is in this repository of narratives that the decisive battle takes place, when Constantine's troops defeat the army of Maxentius, easily and without bloodshed, because things divinely appointed were merely being fulfilled in the sign of the cross. *The Aesthetics of Resistance are indeed irrefutable*. Thanks to his vision of the cross, Constantine defeats his rival, who is legitimised by the gods of polytheism. When accepting the inheritance of the Roman Empire in the 3rd century A.D., Constantine chooses Christianity as his official religion, although it is still insignificant and partly outlawed. The emerging Byzantine Empire thus becomes the epitome of synthesis. Church and state concentrate the powers of the declining world of Hellenism, Judaism and the Roman Empire, starting out from a performative gesture; an army commander's dream.

Simon Wachsmuth's paintings overlay the frescoes; the frescoes overlay the stories and a legend, the source of which appears to be a branching delta. This palimpsest-like layering is heightened by numerous interpretations of Piero della Francesca's frescoes, providing opportunity for reference and inspiration over many centuries. The legend recounting the changeful fate of the Holy Cross accords with the contemporary demands of the early Renaissance. The Old Testament characters and legends concerning the death of Adam, the Queen of Sheba and King Solomon are told as true stories, but supplemented by the facial features of influential contemporaries.

The pictorial programme of the Arezzo frescoes follows a political, even propagandist impulse. Commissioned by the Franciscans, and with subtle beauty and ingenious simplicity, Piero realises the message of Christianity's historically correct and metaphysically absolutely essential victory over other faiths: that is, the threat of Islam presented by the Ottomans in the East and the Moors in the West.

Simon Wachsmuth abstracts the repository of cultural memory into which these movements are inscribed. Transfer from west to east, and from east to west is an important theoretical model in his work. It is a transfer that concerns economics, power and discourse, but is primarily one of forms.

The "deep structure of historical imagination" as historian Hayden White calls it, is permeated by projections and *re-cognition* of form. The construction of historical truth thus evolves as a sequence of narrations, a weave of stories encompassing different times or qualities of time. Reality is created in myths, ideologies and heroic stories inasmuch as they are told repeatedly and shown in pictures. The impact of the content is due to forms, therefore, which create analogy.

Visualisation of the past is the truth of the historian. The history philosopher Reinhart Koselleck chooses the concept of "visualisation" in order to show that memory only occurs as an experience. Forms purely of the past always actualise themselves as the present. Obviously, the Freudian concept of distortion via dreams and the distortion of the dream via narration are valid in the inventions of the historical. This could be the reason why, in the coherence of the narrative, memory always seems like a new sensation to us.

Memory requires forms: in images, buildings and places – and in mythologemes, the small units that comprise stories and histories. The surfaces of images and objects are impregnated in the place where content is stored. But looking-at and listening-to opens up the stores that the individual carries within, but which are also and above all inscribed into the collective.

The repainted areas of the *Fehlstellen*, which reproduce parts no longer remembered – places, therefore, where the grey of the wall's remnants rather than plaster and paint store memory – disclose the fragmentary nature of every memory. In the same places with their essential fragmentary quality, the hegemonic, violent transcribing of interests becomes visible and the individual's memory is expanded into "collective" knowledge.

So the work is supplemented in the damaged part. The "figure" of the supplement is found in the topic of constructing the past, like in the shape of things remembered.

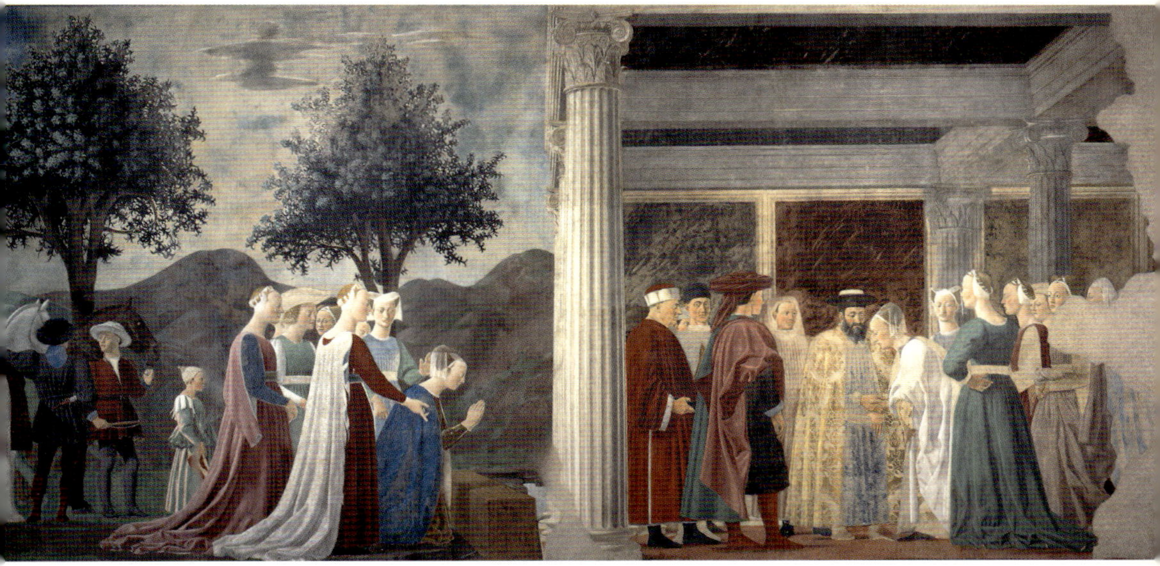

Supplementing missing parts. Compacting analogies to a knot. The pictorial panels of the *Fehlstellen* emerge as the representation of a narrative dispositive in the form of abstract painting. Painting, including abstract painting, designs a model; indeed, it is a model. It is true that these black forms on a white background appear formless, "informes", but they open up space in two ways. As pure painting, they tie in with the tradition of classical modernism, but the forms are also linked associatively to cartography: that is, to an art capable of inventing space and representing interactions.

The planar quality of abstract painting, its lack of any illusionary depth, opened up pictorial spaces for new objects and dimensions. In the development of classical modernism, this experience was combined with areas of distinct colour in the work of artists like Piet Mondrian. An additional opening occurred essentially through dimensions in the colour fields of Barnett Newman. This "zip" opening to time is also visible in Wachsmuth's paintings. The panel pictures open out; they are pictorial panels, carriers of far more than just themselves.

The impression of a map increases due to a shift in the proportional dimensions, the sections selected and the enlargement of the motif into a monumental mural. One place from the battle of Constantine suddenly becomes the interface between Europe and Asia on the Bosporus. Simon Wachsmuth pins a newspaper cutting on the subject of Turkey's much discussed entry into the EU onto this canvas. This expressive action suddenly expands the connotations of a specific place and related themes.

The reproduced missing parts and the newspaper cuttings and archive cards added to the paintings are all fragments from different contexts. Not always unlocked, these draw clarity from further mystification. The integrated archive cards, onto which black and white photographs of Constantinople are mounted, originate from a private, meticulously assembled collection obviously made by someone with expertise in art history. The strange world of the unknown collector overlaps with public interpretations and an interest in the cultures of past epochs and their treasures. These fragments and particles are structurally over-defined of necessity, but they open up a new version of temporality. The artist gives a space back to time. He exposes himself to the opening of the image, which resembles the structure of the symptom; the opening to time.

"History is the object of a construction whose place is formed not in homogenous and empty time, but in that which is fulfilled by the here-and-now", in the words of Walter Benjamin in his essay *On the Concept of History*. In art, contrary to all probability, it is always a matter of finding a "form with present time".

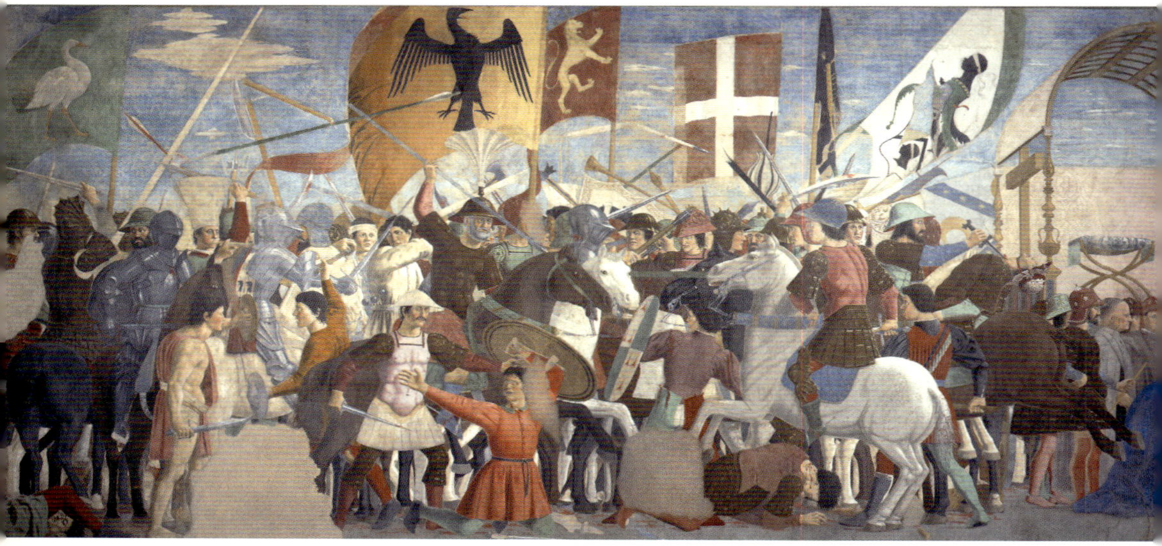

Translation, transfer, back and forth: metaphorá The Renaissance rediscovered Greek philosophy and ancient rhetoric along with it. "To make a good metaphor means to recognize similarity," as Aristotle said.[2] It is similarity employing dissimilar means. The dense referential structure in the images and stories presented by the frescoes of Arezzo is a chain of metaphors – *implicitly*. They express something that is missing in the depiction. Or the fact *that* something is missing.

There is also one omission at the very centre of the Arezzo frescoes. The central figure of the stories about the True Cross – Jesus Christ – is left out. The figure of the Redeemer is cited as a prophecy in the word of God to the Virgin Mary, conveyed by an angel, and in the symbol of the cross – the sign under which Constantine will be victorious. These two visionary scenes open up a different time – quasi a flash of the present that has always already been fulfilled – to the collection of metaphors in historical and mythical events and narratives.

Meanwhile, it is the most material element, the least worthy of servants, as Walter Seitter puts it, which experiences embodiment. The wood is planted and felled, banished, rejected, buried, rediscovered and erected. Someone is tortured for its sake, and it is worshipped and honoured. This wood begins as a twig, as a fragment from the Tree of Knowledge. We can see this original scene in one fresco that is not cited in the group of works *Fehlstellen*: the archangel gives a twig for the dying Adam to Seth, his son. Adam had requested the oil from the Tree of Mercy in Paradise and now receives this twig from the Tree of Knowledge (or of sin, as some say). The twig, planted on the grave of the primordial father of mortal generations, will grow over the course of the millennia into the tree from which the Cross is fabricated. The event begins in a time before all time, but the time of the stories begins with this event.

In the beauty of the grain, the verticality and vectorial diagonals of the beam, the painter Piero della Francesca, who was also a mathematician and knew the *more geometrico* of immanence, demonstrates that all that counts is the wood's materiality, its material presence – this is what can be visualised: the form.

Constantine's dream, the fresco in which the cross is envisioned as a sign, occupies a central place in the chapel. The emperor sleeps and dreams below a tent supported by a wooden beam (and its verticality). He is not in the same time as the figures of his surroundings.

In front of the tent, leaning on the emperor's bed, there is the seated figure of a young bodyguard. He gazes directly if rather sceptically at the viewer, across the ages. A vague remnant of this gaze remains in Simon Wachsmuth's re-conception of the fresco. Even though a specific story of the Occident and of images had already begun at that time, these are only some marks; their meaning is quite unclear. The dream and the gaze are not the same.

DANIELA HÖLZL

1 Quotation by Jorge Luis Borges, from *Spinoza*, translated by Richard Howard, César Rennert: http://www.autodidactproject.org/other/spinoza2.html.

2 Cf. Aristotle, "Poetik", 22 1459a, in: Anselm Haverkamp, *Metapher. Die Ästhetik in der Rhetorik* (Munich, 2007), p. 32.

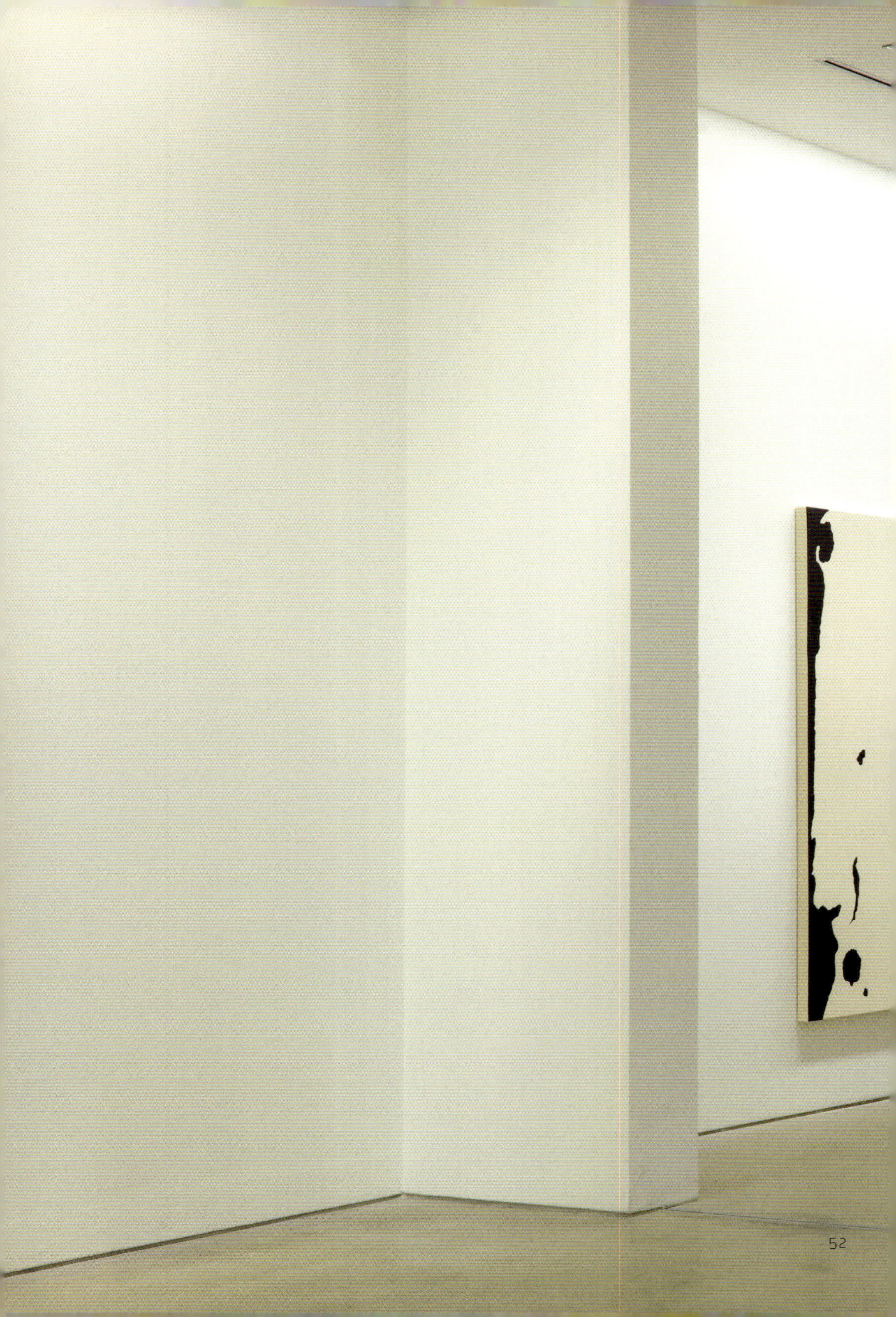

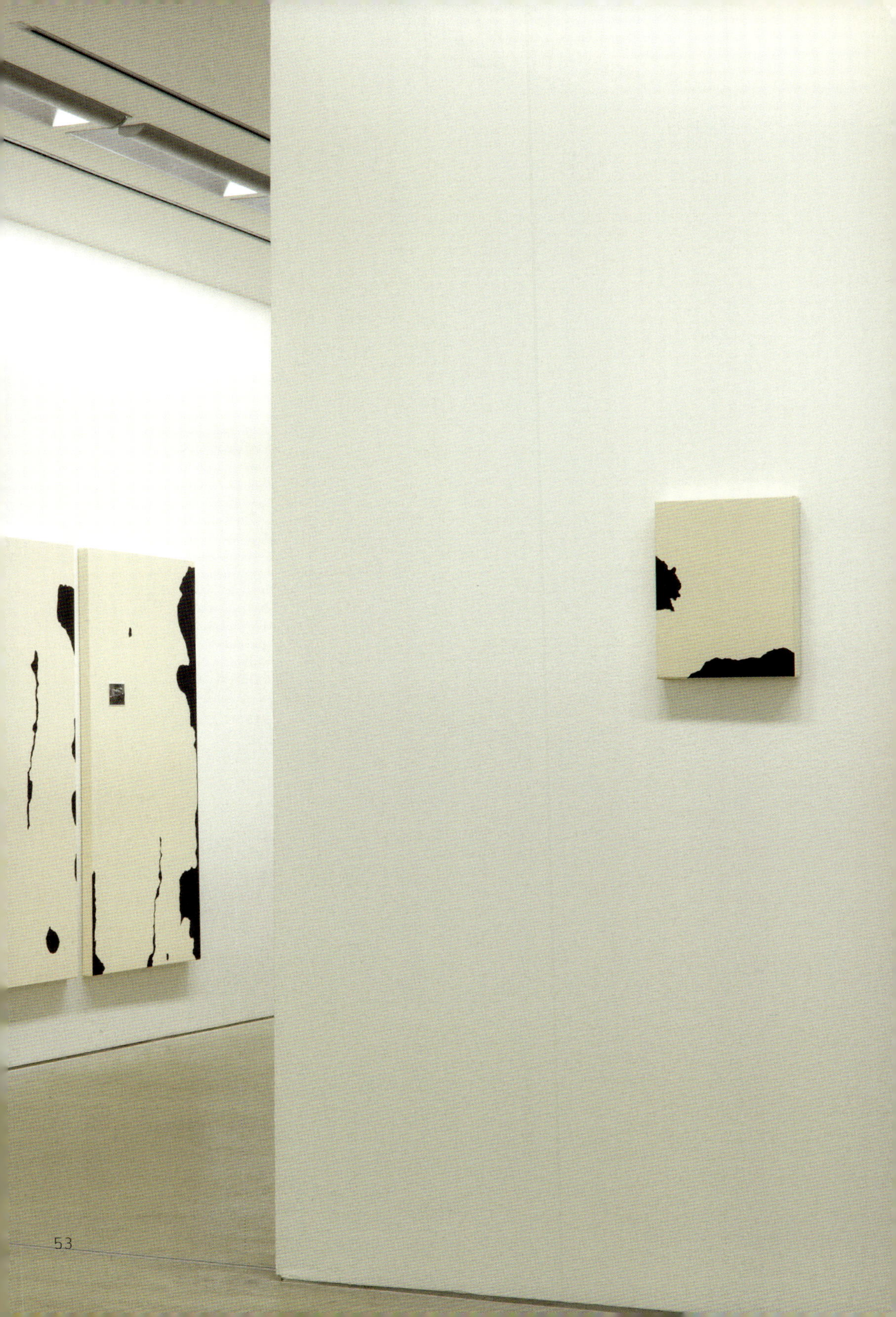

Konstantinopel / Johannes Prodromos-Kirche vom Studio-Kloster 463 (1057-58 und um 1290 Umbauten) Blick nach Osten

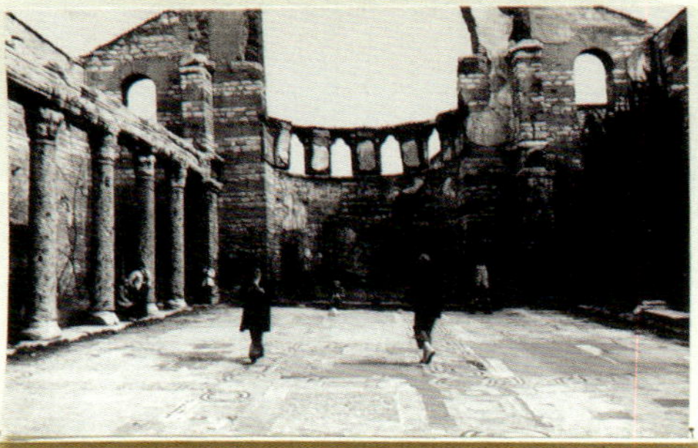

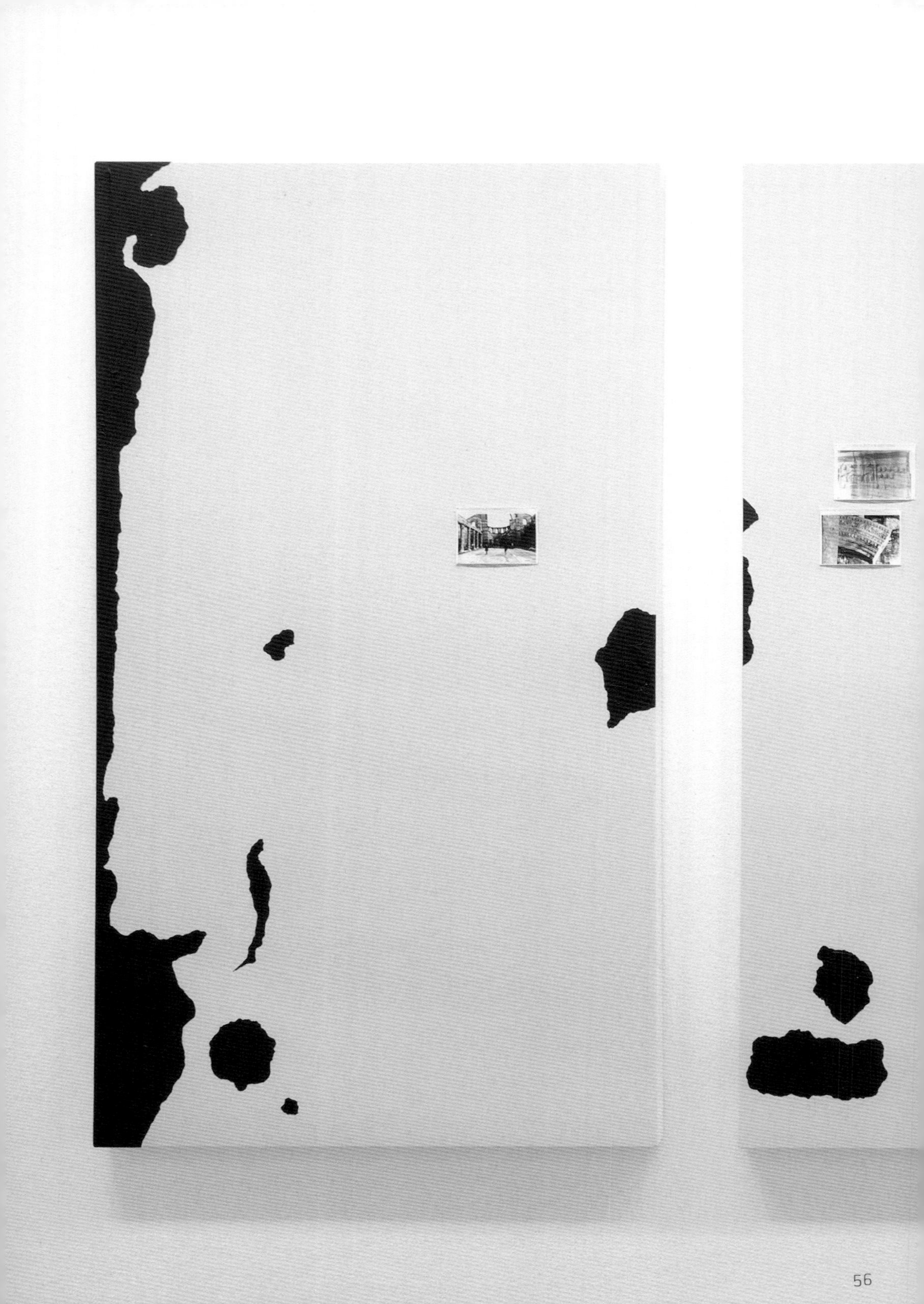

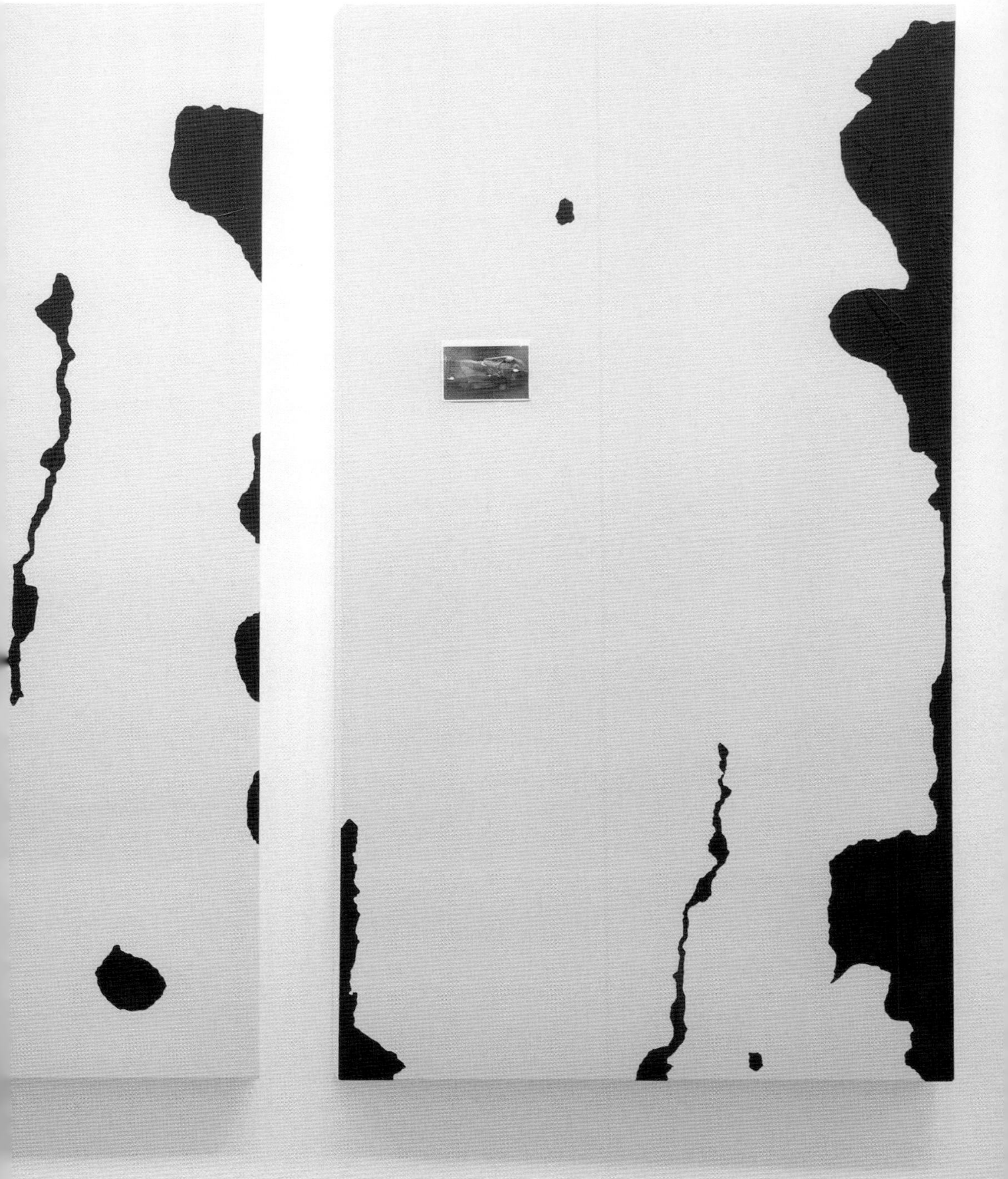

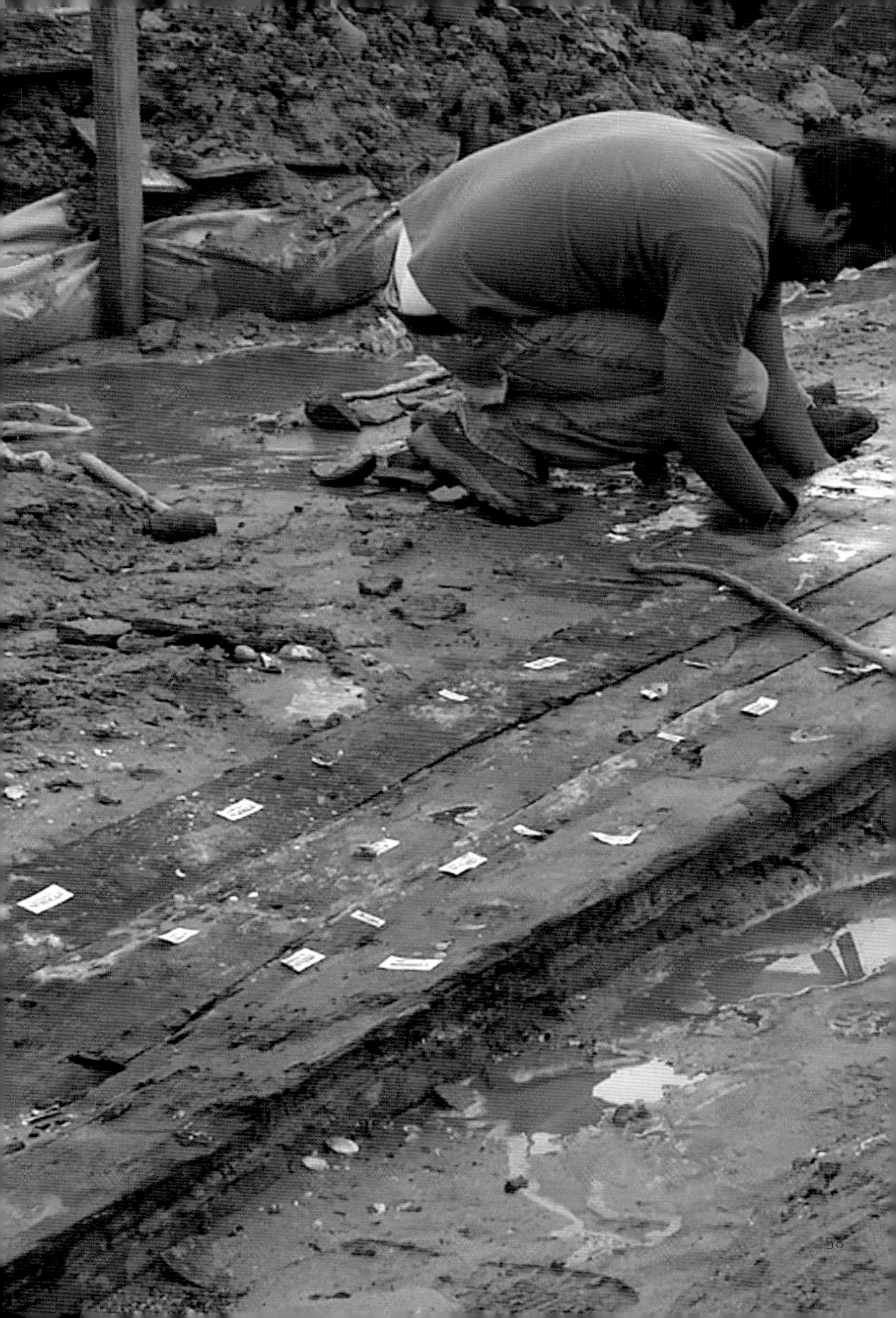

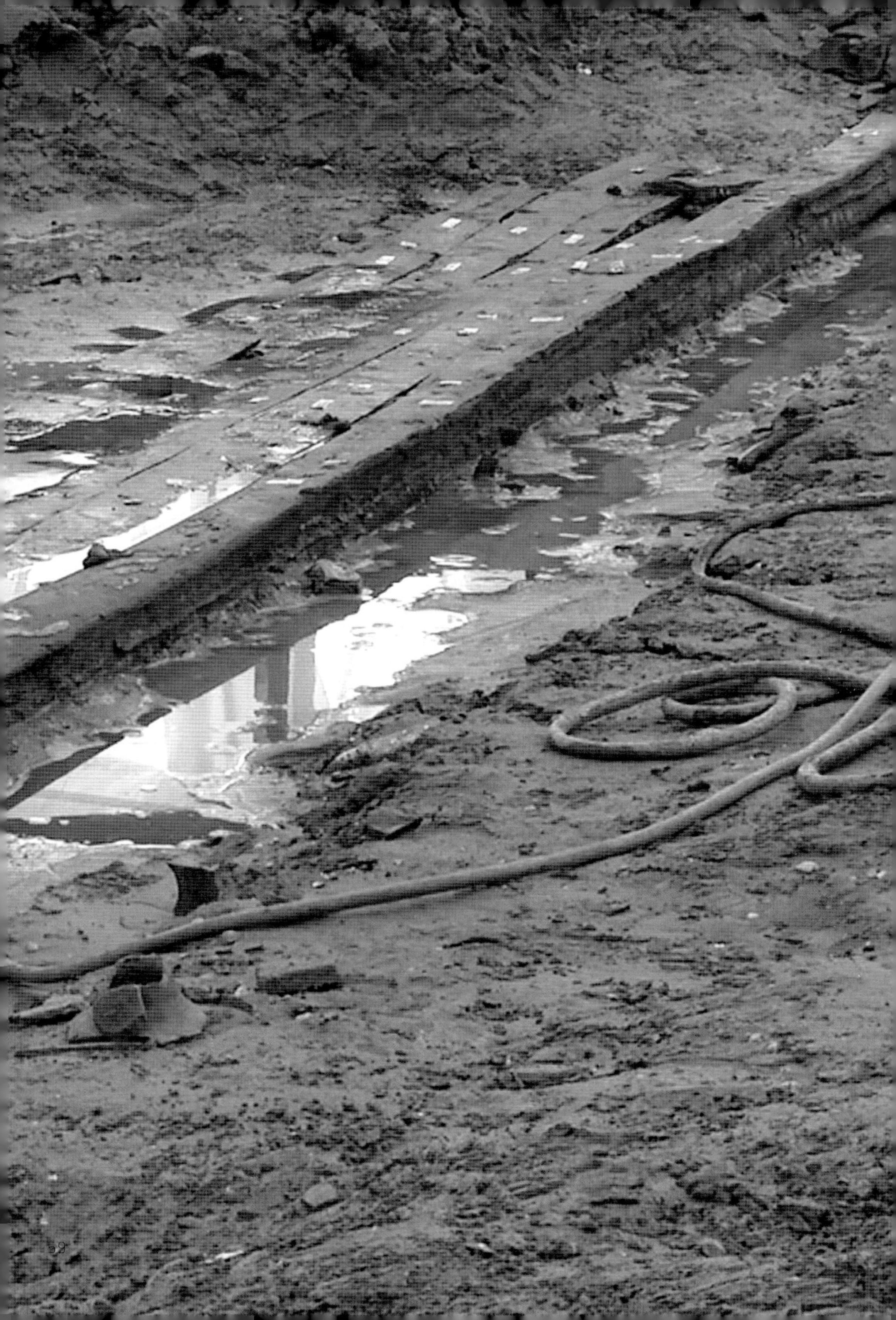

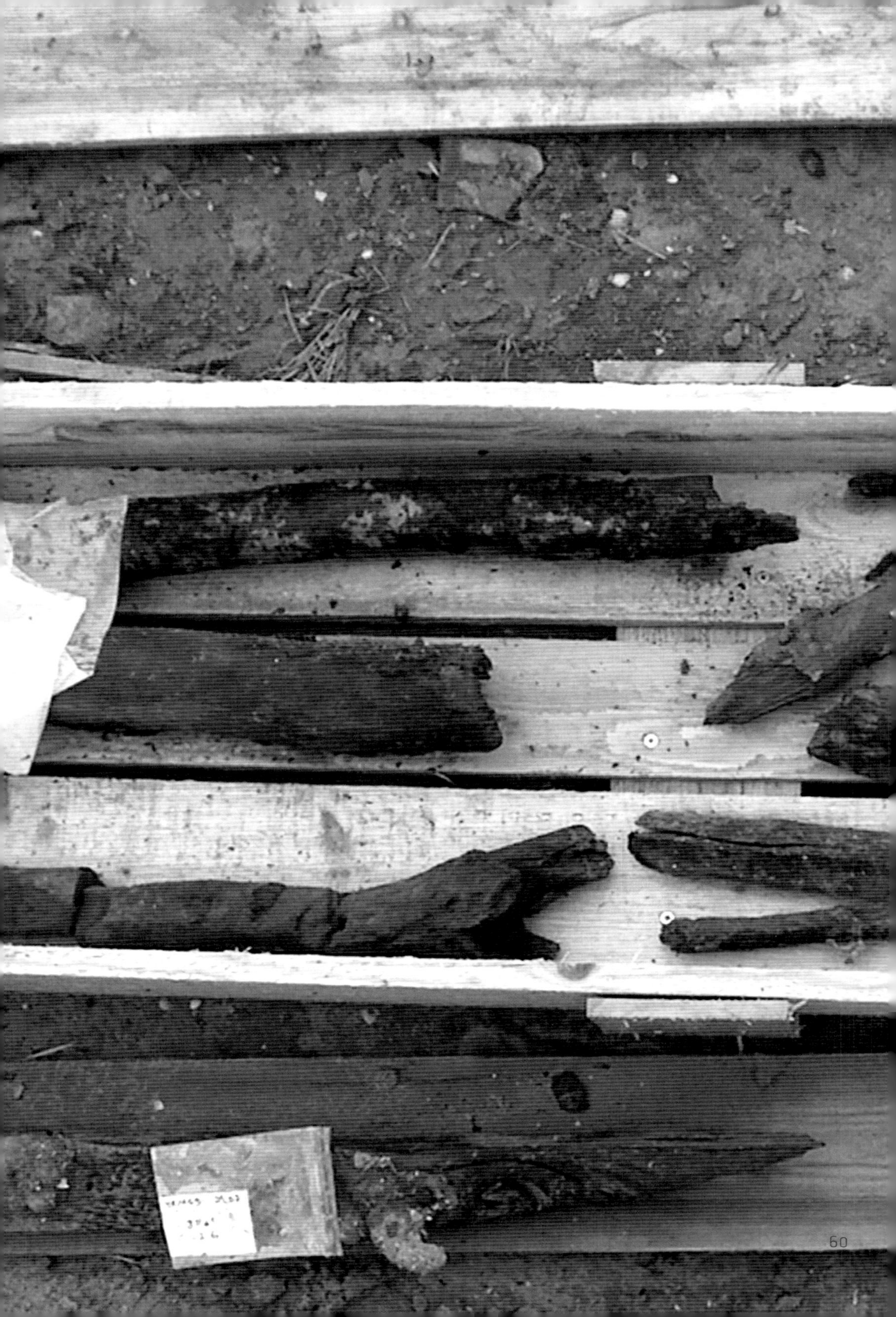

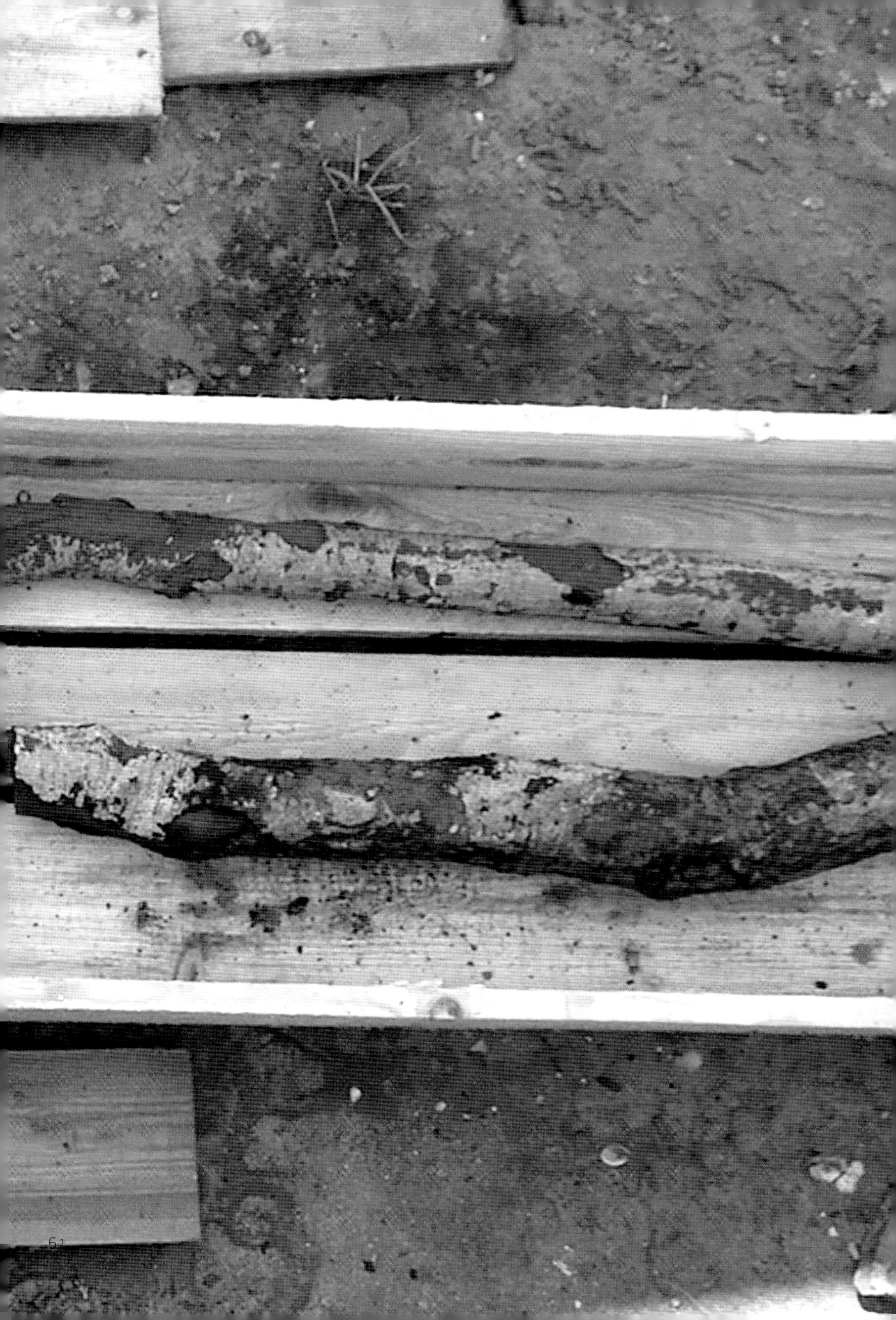

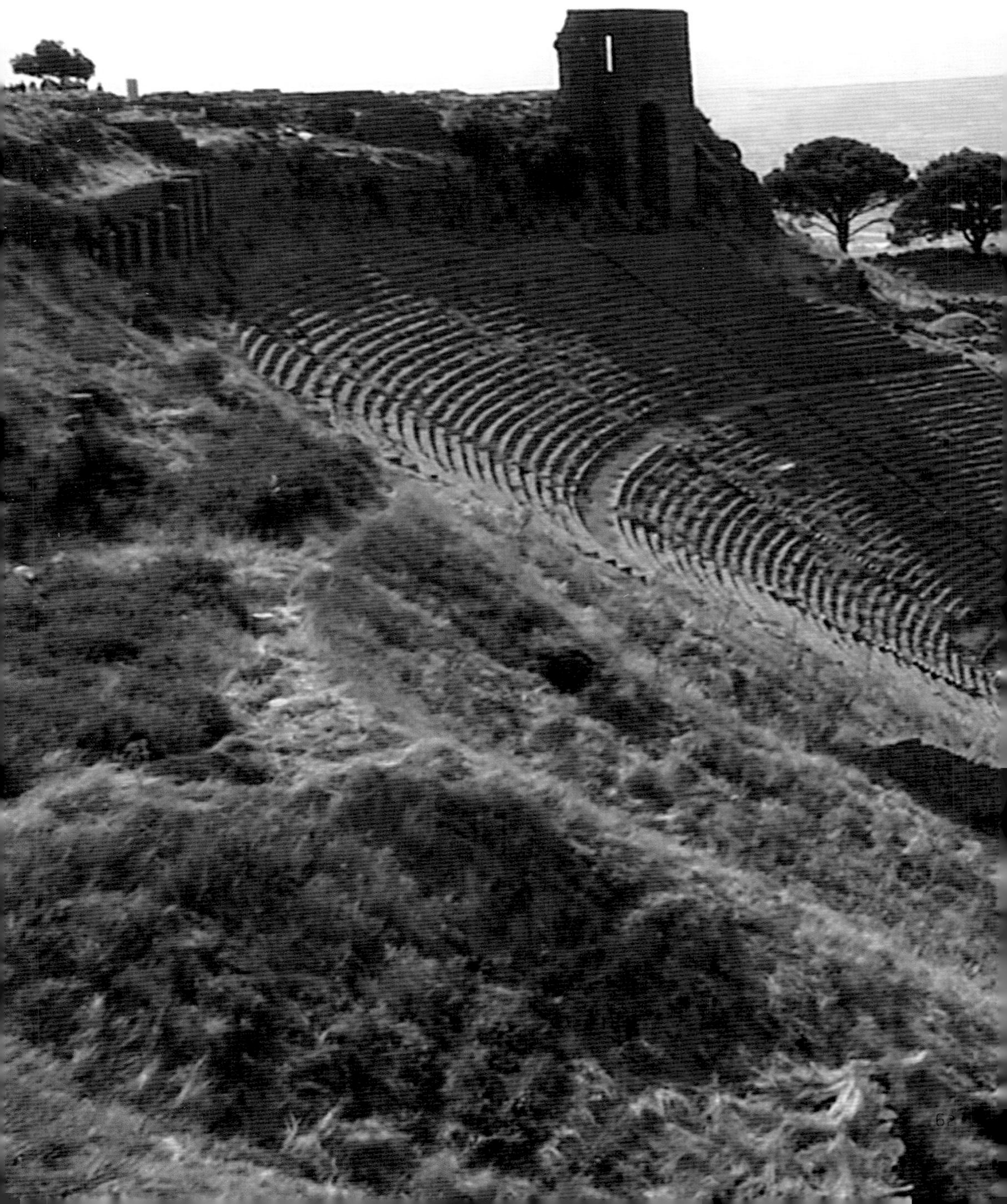

62

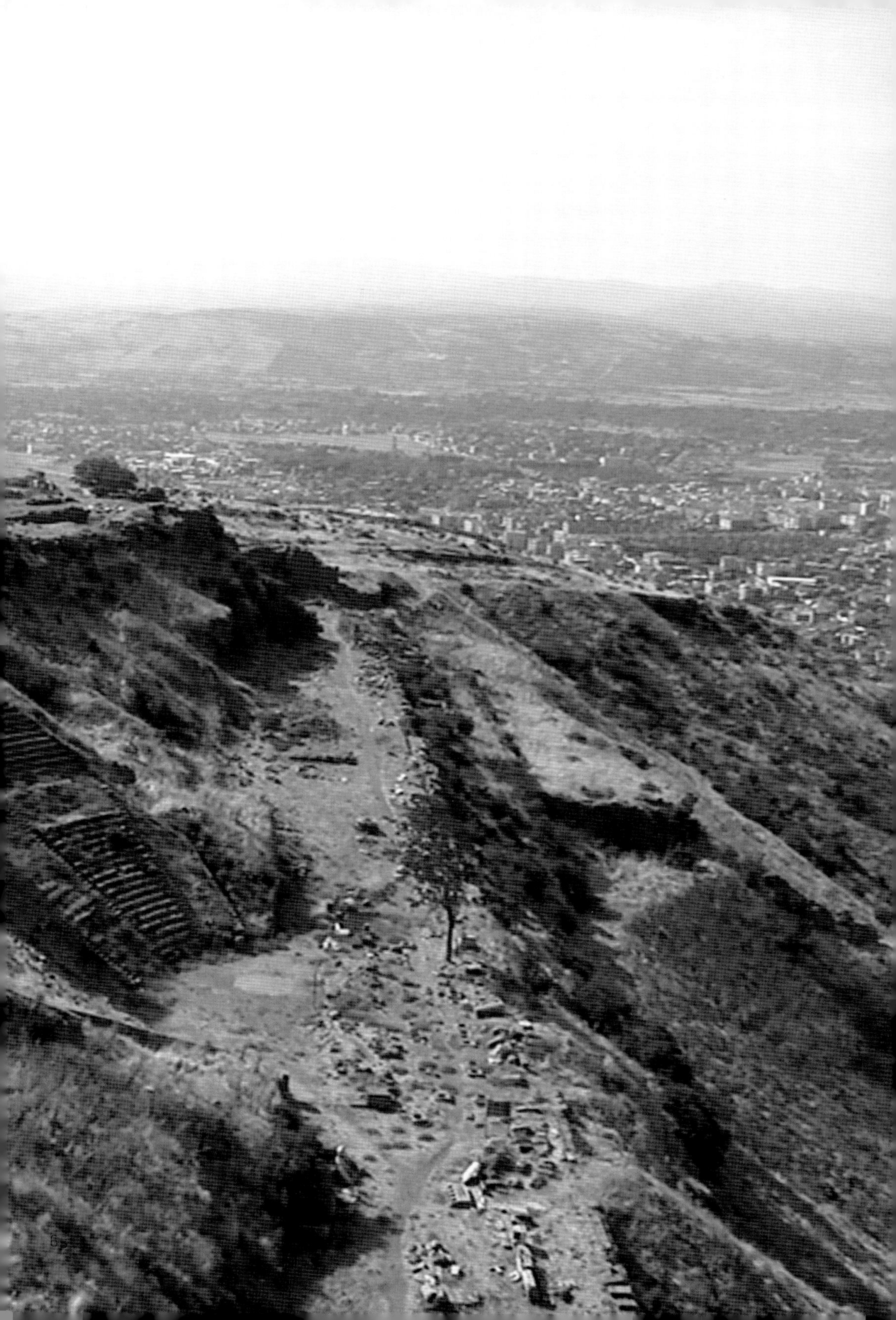

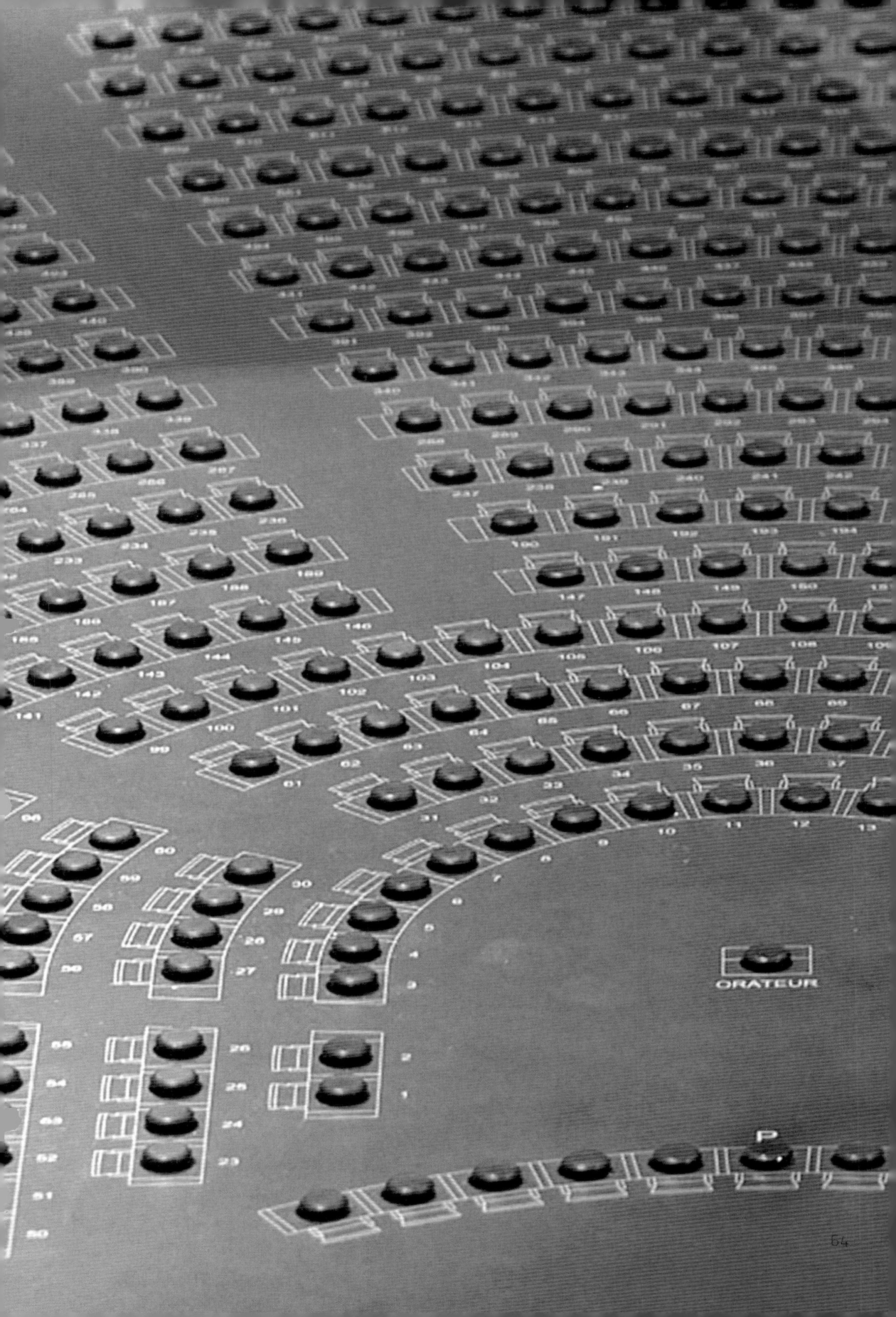
P
ORATEUR

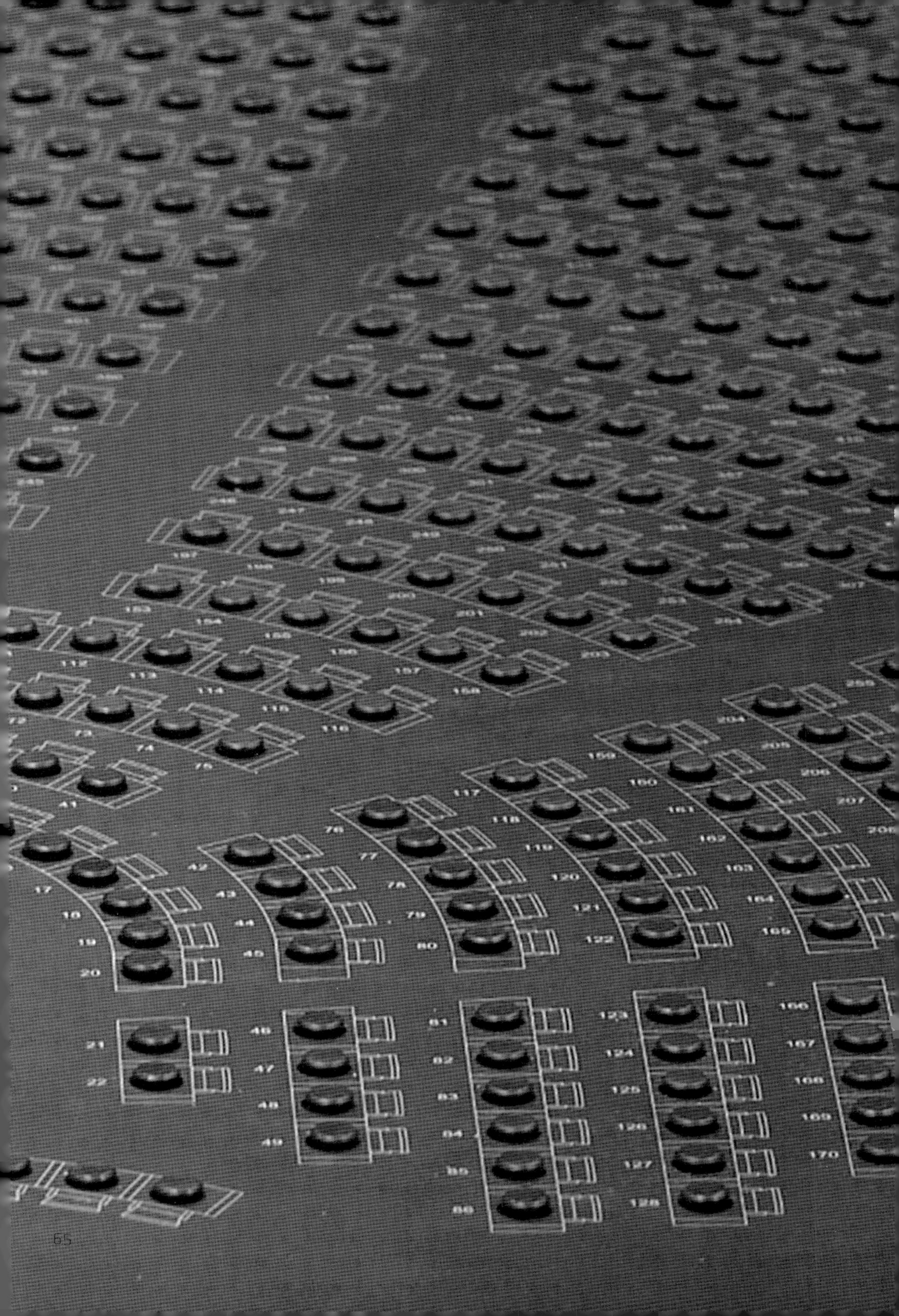

17
18
19
20
21
22
41
42
43
44
45
46
47
48
49
72
73
74
75
76
77
78
79
80
81
82
83
84
85
86
112
113
114
115
116
117
118
119
120
121
122
123
124
125
126
127
128
153
154
155
156
157
158
159
160
161
162
163
164
165
166
167
168
169
170
200
201
202
203
204
205
206
207

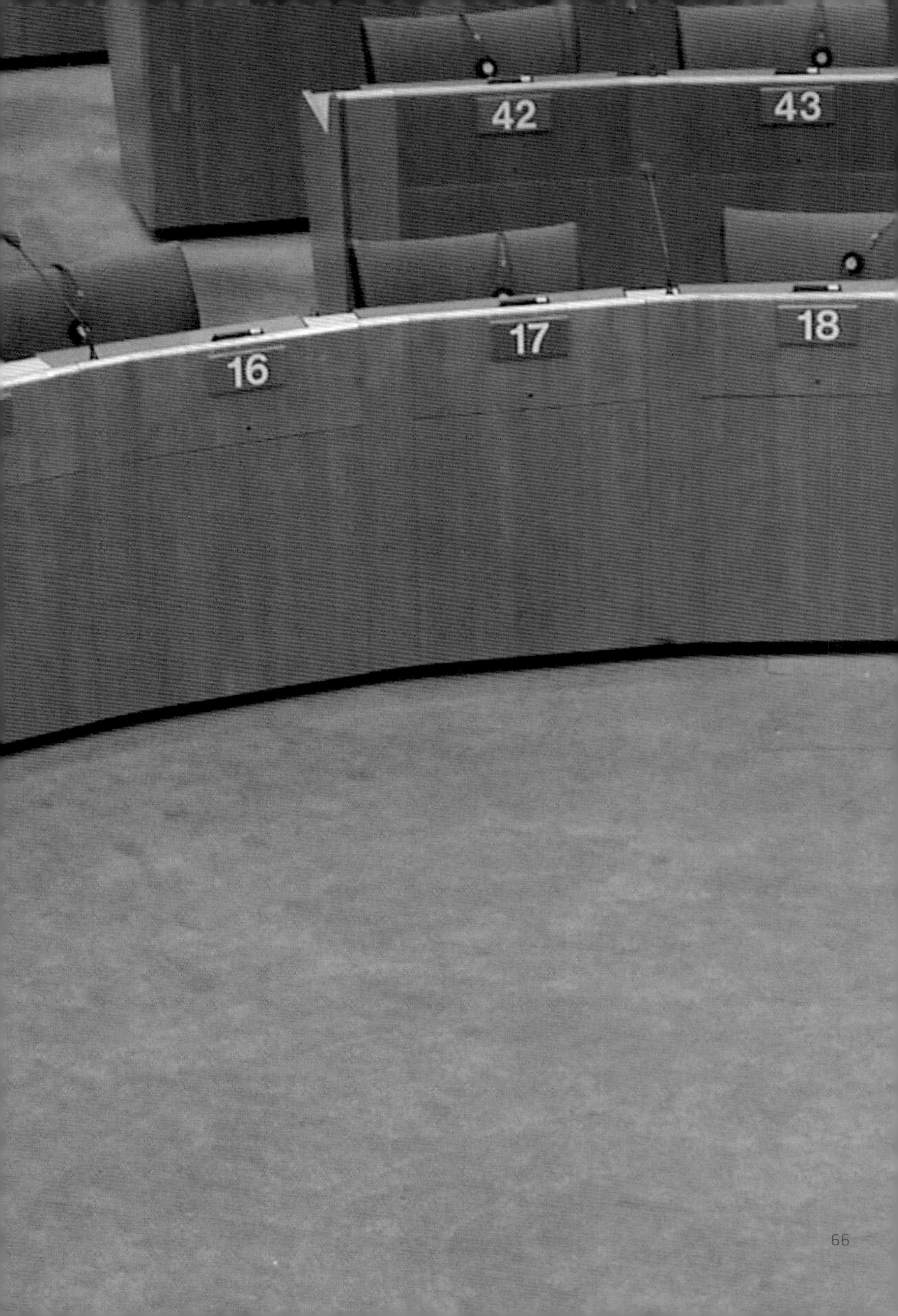
42
43
16
17
18

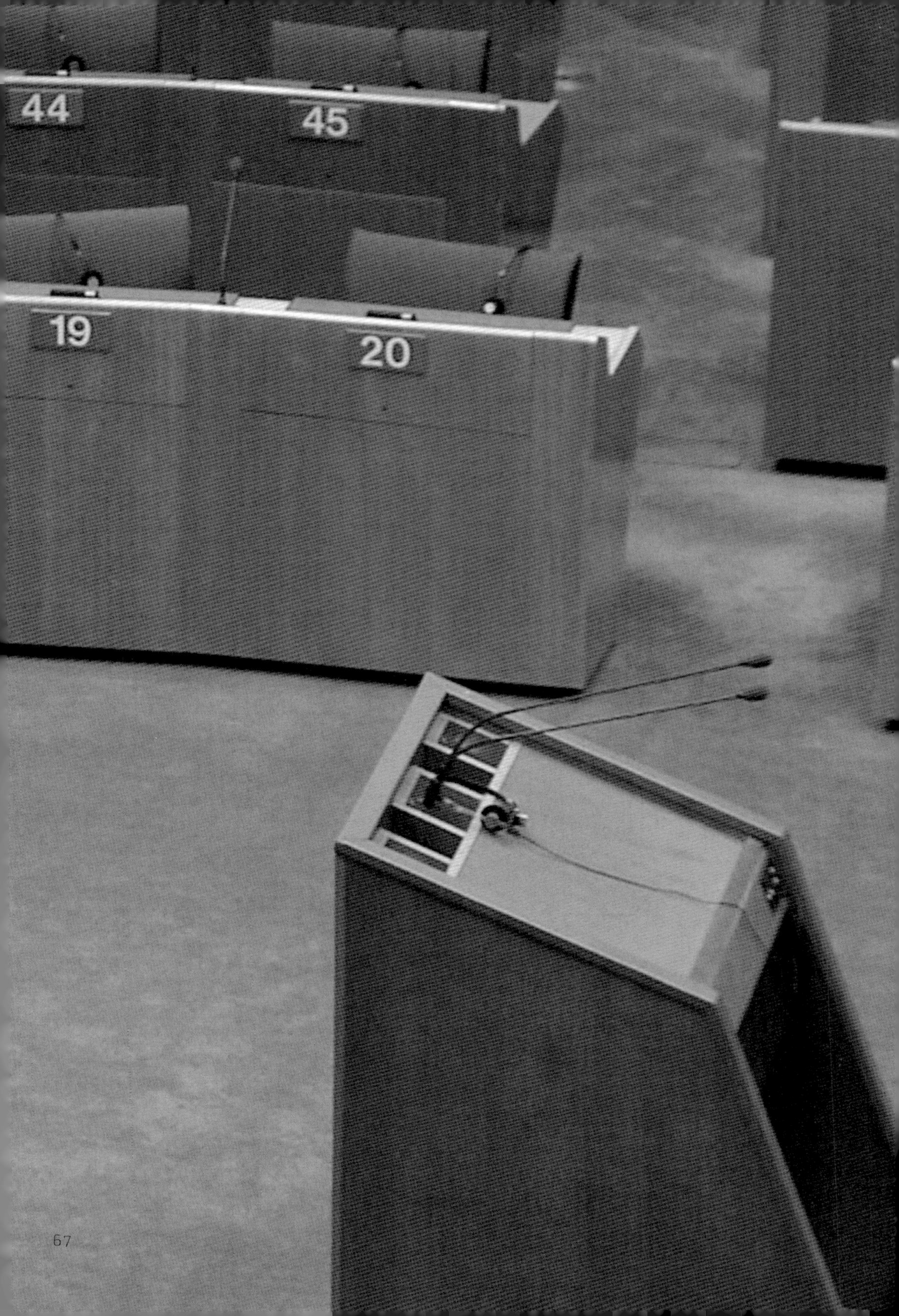
44
45
19
20

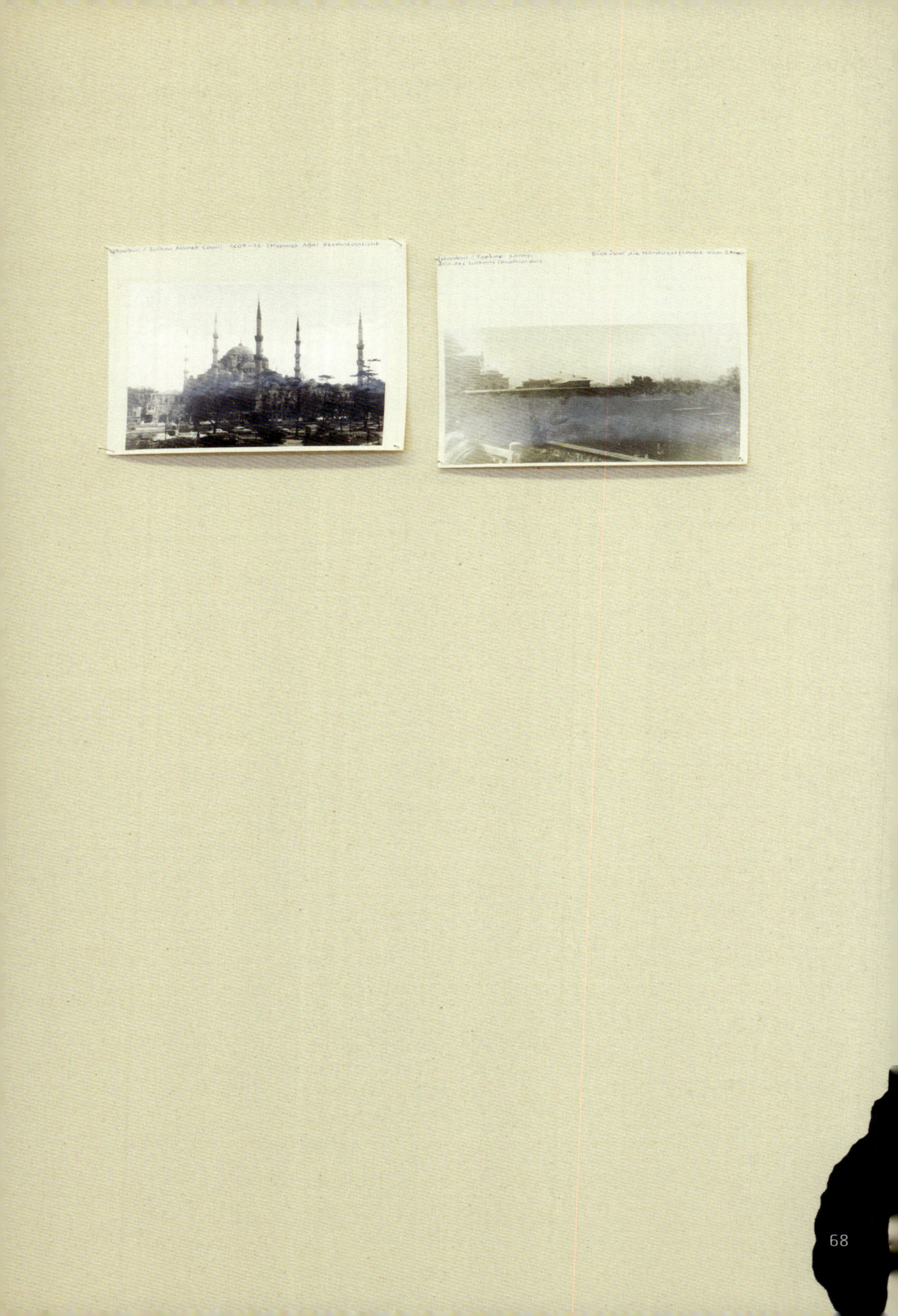
Istanbul / Sultan Ahmet Camii 1609–16 (Mehmet Ağa) Gesamtansicht

Zuversicht bei Türkei-Gesprächen
now. BRÜSSEL, 29. März. Die Türkei sieht sich bei den Beitrittsverhandlungen mit der Europäischen Union „auf dem richtigen Weg". Das hat der türkische Chefunterhändler, Wirtschaftsminister Ali Babacan, vor der Eröffnung der Gespräche über die Unternehmens- und Industriepolitik gesagt. Die Tatsache, dass nach neunmonatiger Pause am Donnerstag ein zweites Verhandlungskapitel eröffnet worden ist, wertete Babacan als Zeichen dafür, dass der Beitrittsprozess wieder in Schwung gekommen sei. Die Gespräche mit Ankara standen Ende vergangenen Jahres wegen des Streits um die praktische Anerkennung Zyperns vor dem Abbruch. Damals hatten die EU-Partner beschlossen, die Verhandlungen über acht der insgesamt 35 Kapitel auszusetzen. Ziel ist es, unter deutschem EU-Ratsvorsitz bis zur Jahresmitte Gespräche zu insgesamt vier Kapiteln aufzunehmen. „Der Beitrittsprozess ist wieder auf die Schiene gesetzt", sagte Bundesaußenminister Steinmeier am Donnerstag in Berlin.
Gefährliche Provokation
Bislang hat der türkische Ministerpräsident Tayyip Erdogan Geschick im Umgang mit der Europäischen Union bewiesen. Auf dem mühsamen Weg zu den Beitrittsverhandlungen hat er immer die Grenzen des Möglichen ausgetestet, ohne sie zu überschreiten. Doch jetzt will er mit dem Kopf durch die Wand. Seine Forderung nach einem Zieldatum für den EU-Beitritt seines Landes mag ihm im heimischen Wahlkampf helfen. Aber eben nur dort. Deshalb wächst der Zweifel daran, wie seriös der starke Mann in Ankara die europäischen Ambitionen noch betreibt.
Sollte er ernsthaft glauben, von der EU vor einem absehbar befriedigenden Ende der Verhandlungen einen Beitrittstermin zu bekommen, dann hätte er seinen politischen Verstand verloren. Nach den schlechten Erfahrungen mit Polen, Rumänien und Bulgarien lehnen die Europäer Terminfestlegungen strikt ab. Erdogan weiß das sehr wohl, und darum lässt sich sein Vorstoß nur so verstehen – er sieht die Chancen auf einen Beitritt schwinden und stellt die EU deshalb vor die Wahl: „Gebt mir ein Datum oder sagt, dass ihr uns nicht wollt!" Akzeptiert die EU die Bedingungen, ist Erdogan der Sieger. Weist sie die Provokation zurück, kann er zu Hause immer noch den Helden geben, der alles versucht hat.
Nüchtern betrachtet aber spielt Erdogan mit der Zukunft seines Landes – und verspielt sie möglicherweise. Die Verhandlungen über einen Beitritt sind mühselig, aber sie sind in Gang gekommen und können nur zu einem Ende geführt werden, wenn beide Seiten vorsichtig damit umgehen. Erdogans unzeitgemäße Ungeduld spielt nur den Gegnern eines Beitritts der Türkei zur EU in die Hände. In Brüssel wie in Ankara. wtr

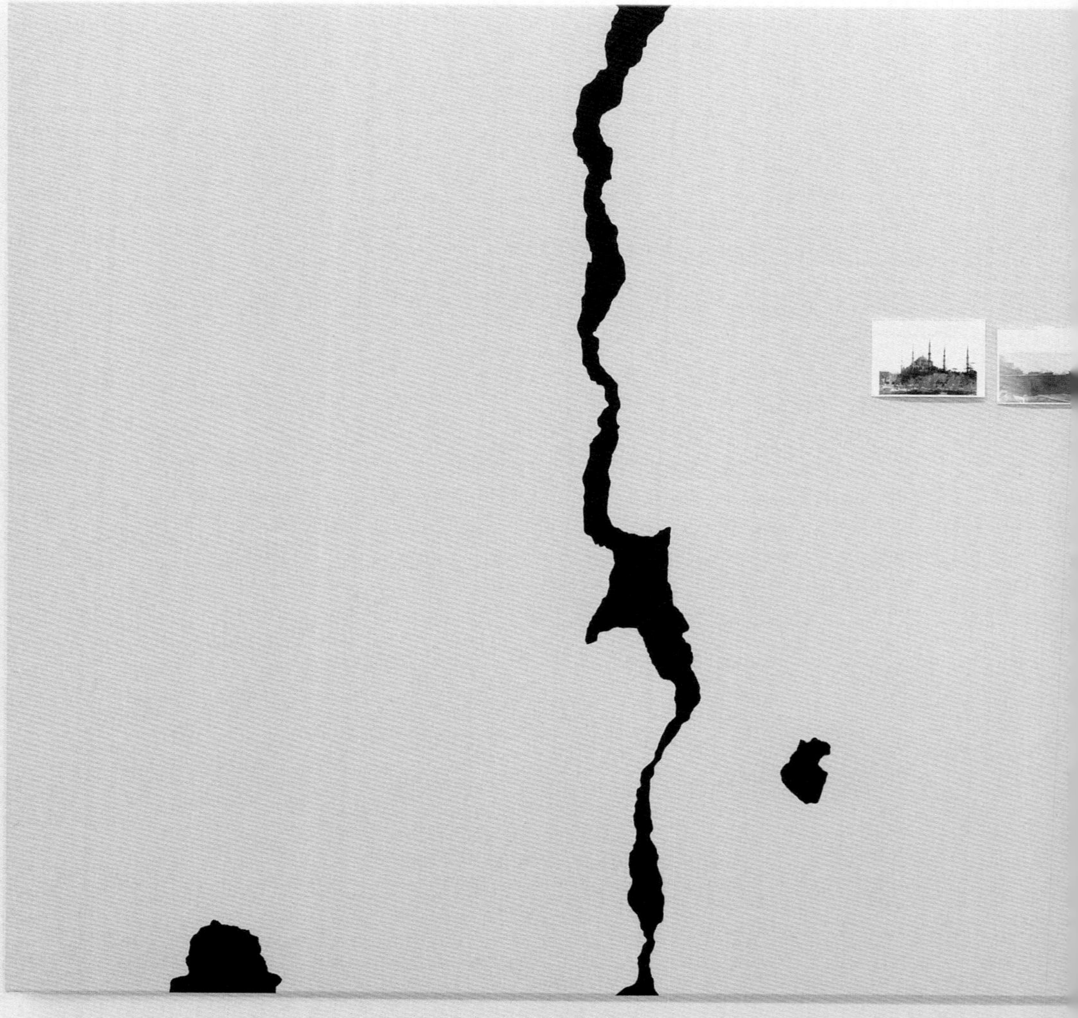

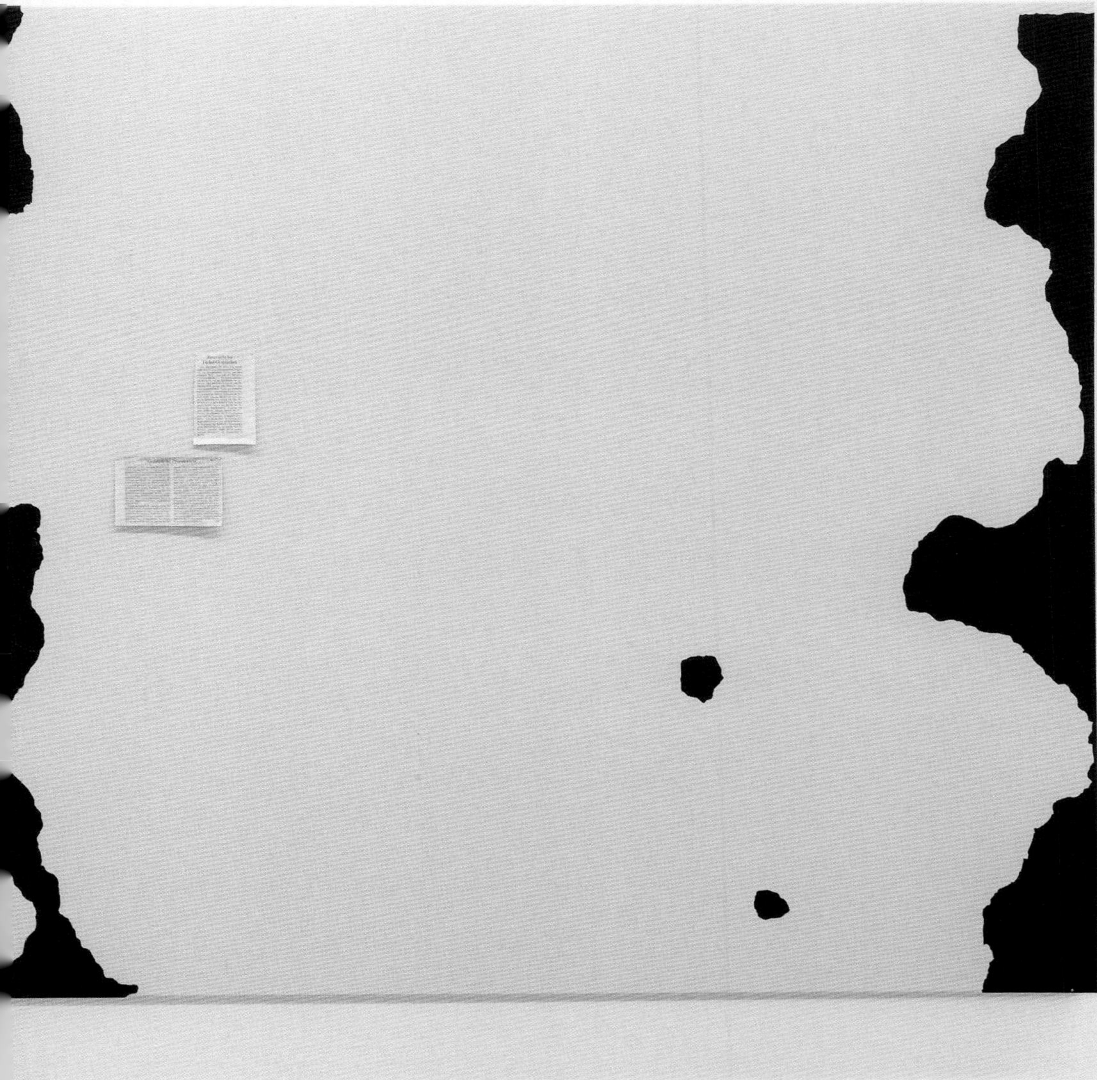

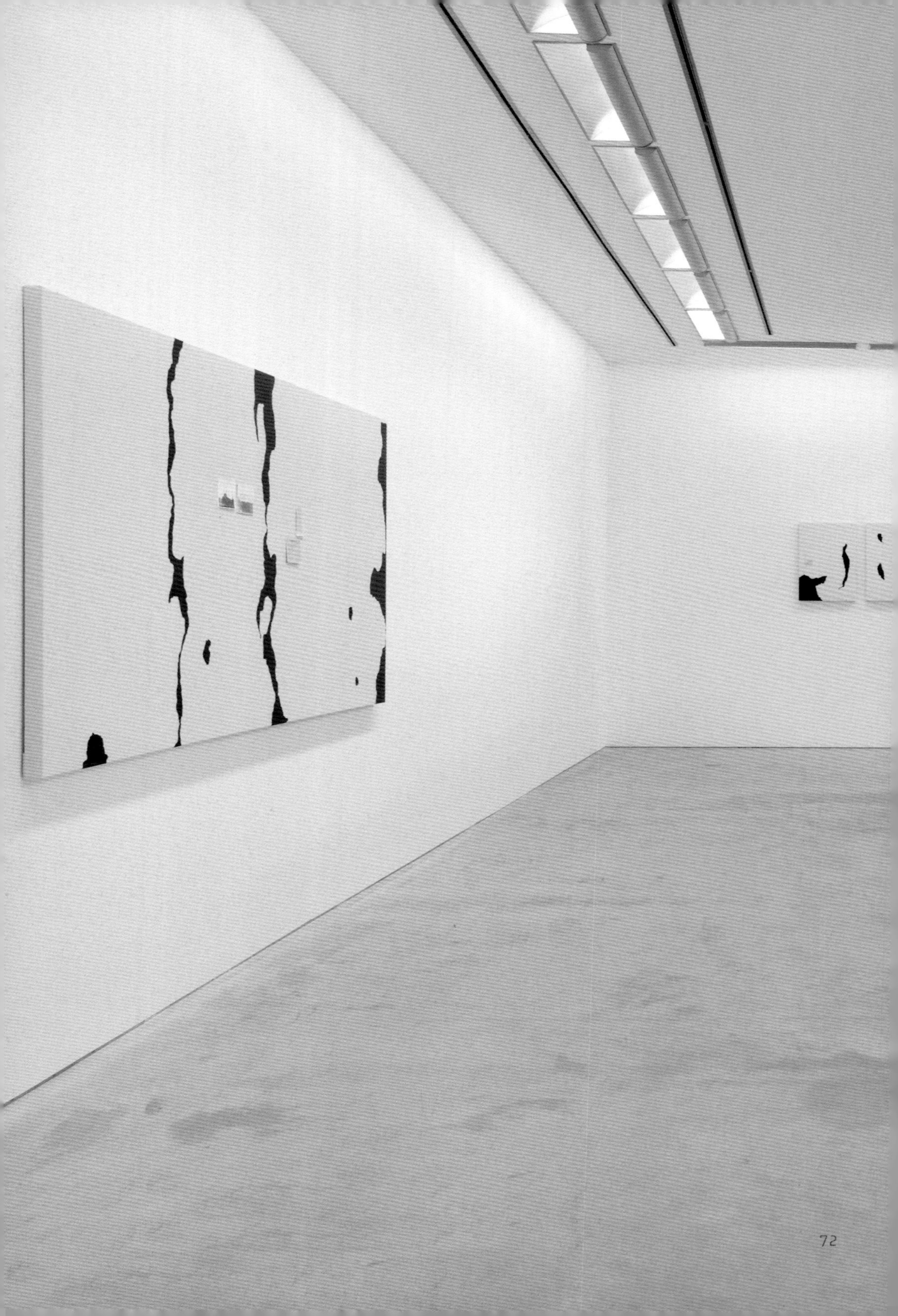

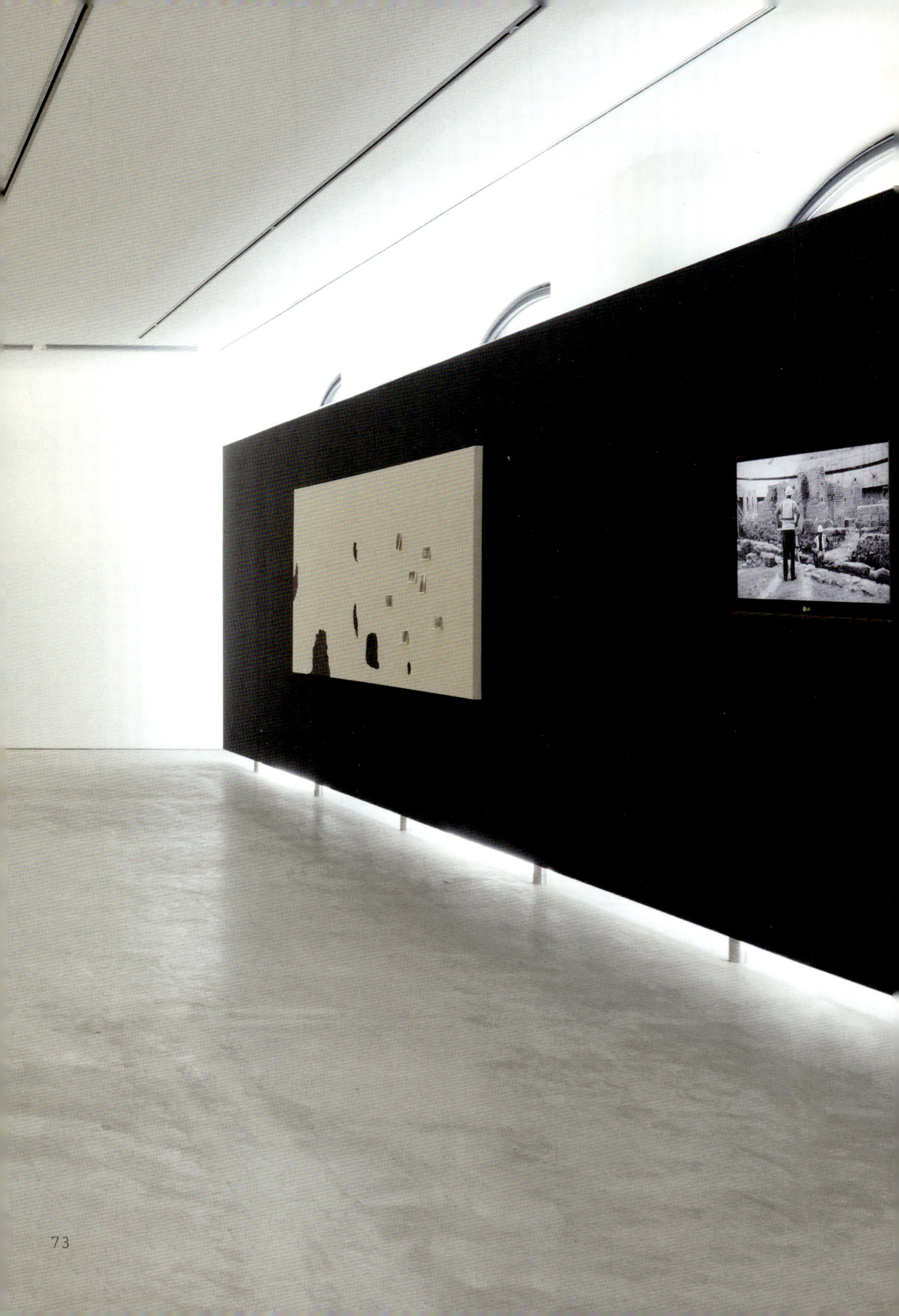

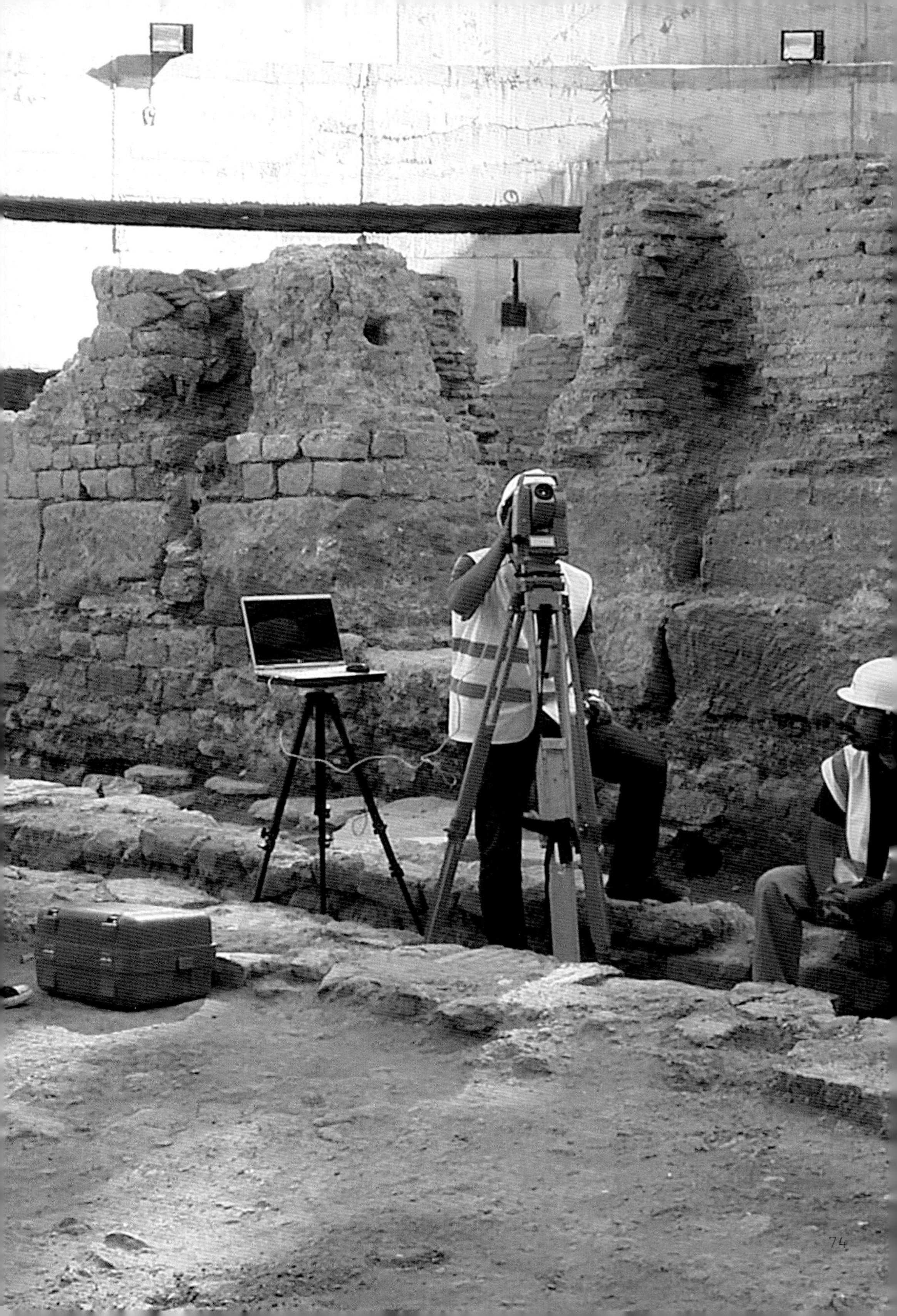

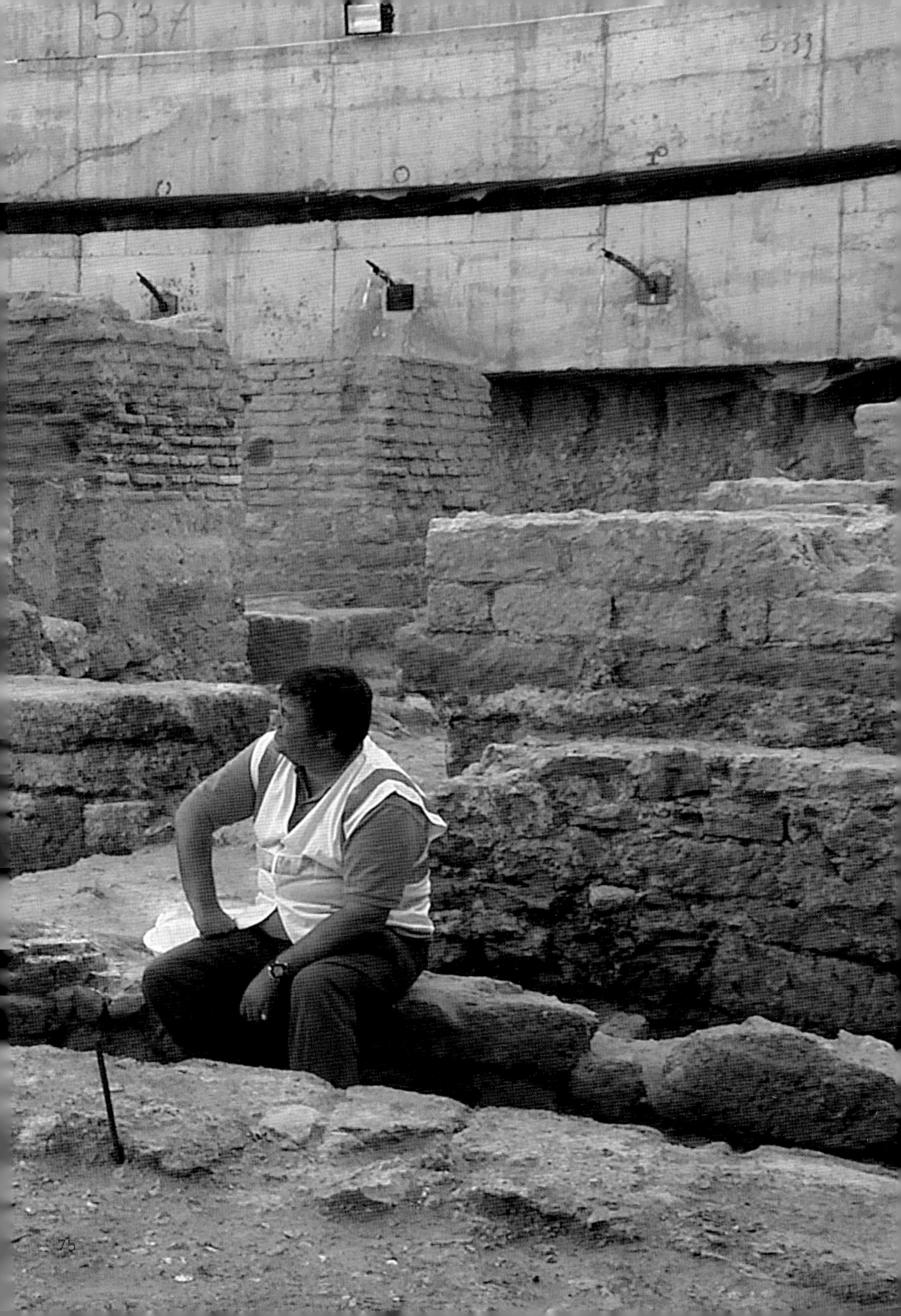

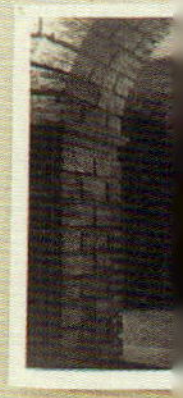

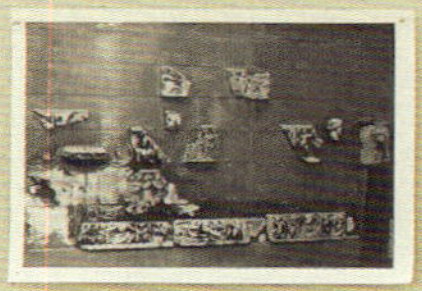

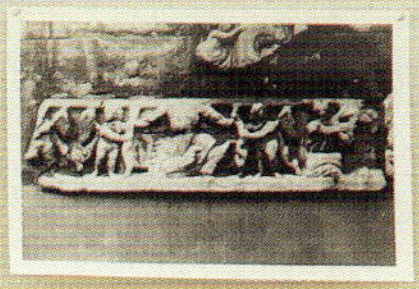

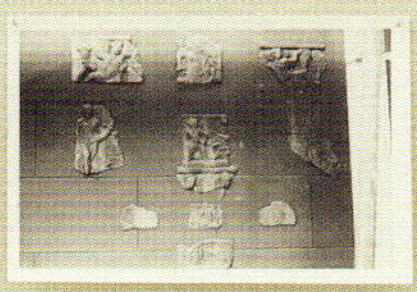

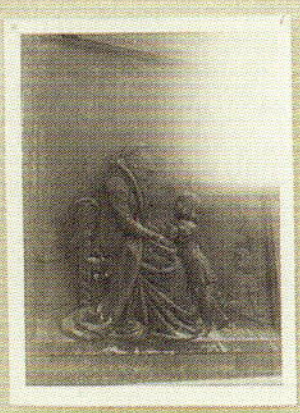

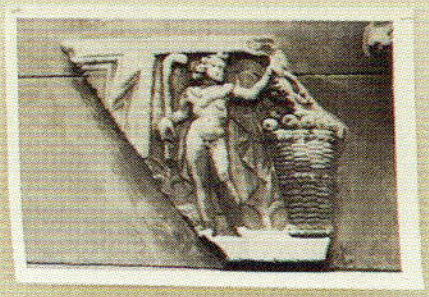

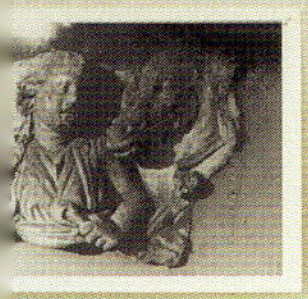

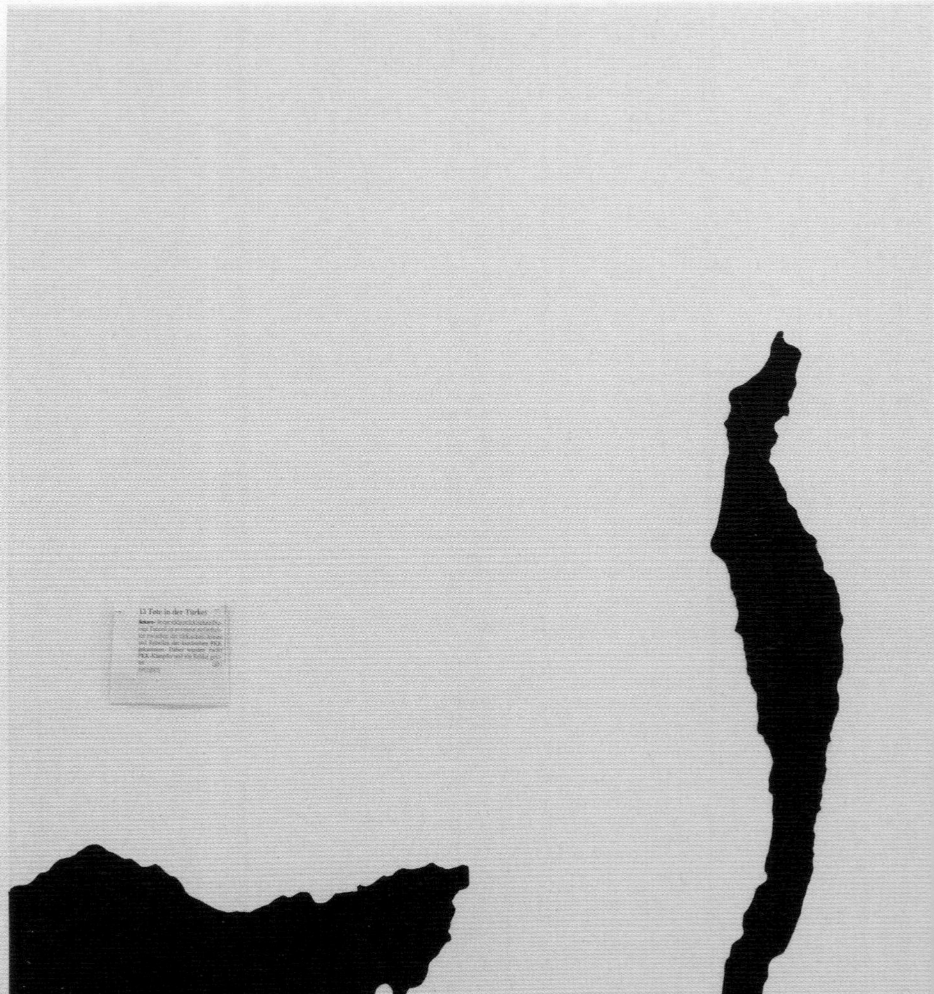
13 Tote in der Türkei

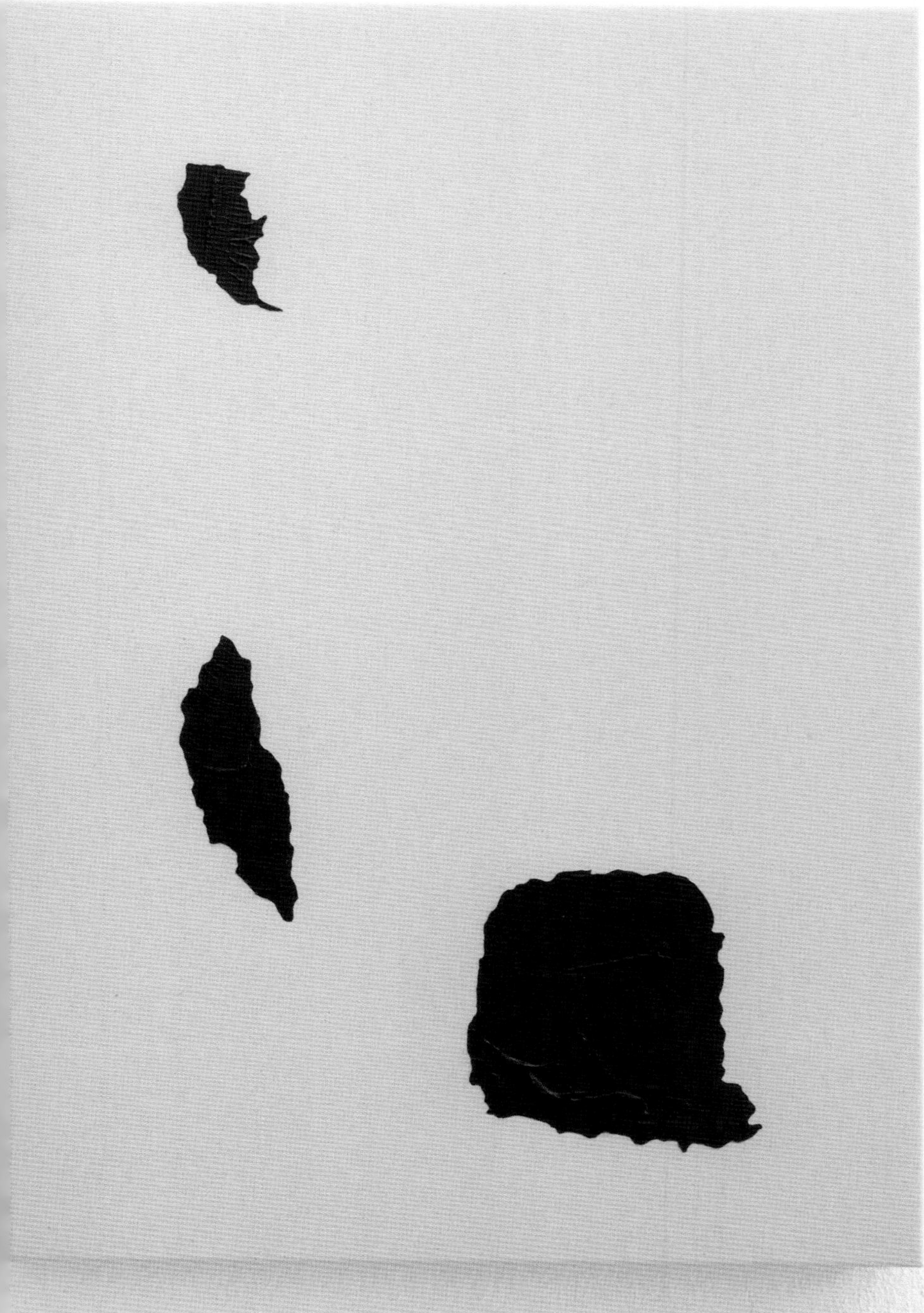

Eine Legende von einem Holz

Walter Seitter

Auch diesmal liefere ich nicht eigentlich einen Beitrag zur theoretischen Meinungsbildung. Ich stelle vielmehr etwas vor, was jemand gemacht hat. Indem ich das ursprüngliche Thema ein bisschen verschiebe und verdichte, spreche ich von einer Legende von einem Holz. Natürlich stellt sich gleich die Frage, ob das etwas ist, was jemand gemacht hat. Kann eine Legende von einem bestimmten Menschen gemacht worden sein?

Ich spreche von der – oder vielleicht soll ich besser sagen zu der – im späten Mittelalter öfter, von Piero della Francesca[1] einmal in eine Kirche hineingemalten *Legende vom wahren Kreuz*. Es scheint sich also darum zu handeln, dass einer mit einer als schon bestehend – und das heißt übrigens als schön bestehend[2] – vorausgesetzten Legende neuerlich etwas gemacht hat. Wie Vergleiche mit anderen derartigen Bilderzyklen zeigen,[3] unterscheidet sich die von Piero della Francesca gemalte Legende in einigen ikonologischen Elementen. Daraus ist aber noch nicht zu erkennen, ob er selber oder ein Auftraggeber oder ein beauftragter Fachmann die Programmversion von Arezzo durchgesetzt bzw. erfunden hat.

Auf Probleme stoßen wir aber auch, wenn wir nach der angeblich schon bestehenden *Legende vom wahren Kreuz* fragen. Diese Legende ist in Wahrheit ein Ausschnitt aus der schon damals so genannten Goldenen Legende, die unter dem Verfassernamen Jacobus de Voragine kursierte, welche aber von diesem Verfasser selber als gesammelte Legenden bezeichnet worden waren. Es handelt sich um das um 1270 geschriebene Buch[4] – Jacobus selber spricht von Büchern[5] –, in dem bzw. in denen 177 einzeln benannte Legenden enthalten sind. Der Sammler macht aus seiner prekären Autorenautorität kein Hehl. Die einzelnen Betrachtungen sind meist aus verschiedenen Geschichten bzw. Versionen zusammengesetzt, wobei die Herkunft häufig angegeben wird: 235 Quellenwerke werden genannt.[6] Als solche Quellenautoritäten figurieren neben der Hl. Schrift der Dionysius Areopagita, die Kirchenväter, die Historia Ecclesiastica, die Historia Scholastica oder das Evangelium des Nikodemus, dem etwa eine ganz andere Version der Wahrheitsepisode zwischen Pilatus und Jesus entnommen wird. Die Kompilation verschleiert sich nicht und sie verzichtet auch nicht auf gelegentliche Wahrheitseinschätzungen: Der Kompilator äußert seine Zweifel an gewissen Berichten – aber erst, nachdem er sie fein säuberlich nacherzählt hat. Die massiven Kritisierungs- oder auch Begründungsversuche, die sich seit dem 16. Jahrhundert mit der Goldenen Legende beschäftigen und sie gelegentlich als eiserne Legende schmähen,[7] gibt es – jedenfalls als Alternativunternehmen schon seit dem Erscheinen des Buches – einfach, weil es sehr schnell ein Massenerfolg wurde. Die Ansätze der Kritik finden sich aber schon im Buch selber, sofern es seine Elemente erkennbar heterogen zusammenstückelt. Es handelt sich um einen Thesaurus, dem die Analyse seiner Reichtümer nicht fremd ist. Der erste von außen herangetragene Singulartitel scheint übrigens legenda nova gewesen zu sein,[8] womit die einem solchen Werk innewohnende Geschichtsspannung gut angezeigt wird.

Die so genannte *Legende vom wahren Kreuz* ist nun nicht als solche und ganze aus der Goldenen Legende herausgenommen – es gibt sie nämlich dort gar nicht. Die innere Ordnung der Goldenen Legende folgt nämlich dem Lauf des Kirchenjahres, aus dem 177 Feste bzw. Sonntage mit je einer Betrachtung berücksichtigt werden. Das römische Kalendarium – mir ist nicht bekannt, ob das auch noch für das postvatikanische, d.h. vatikanische gilt – hat aber zwei einschlägige Feste: am 3. Mai das Fest der Auffindung des hl. Kreuzes und am 14. September das Fest der Erhöhung des hl. Kreuzes. Mit der Auffindung ist diejenige gemeint, die im Jahre 320 durch die Kaiserin Helena veranlasst worden ist und von der als erster der hl. Ambrosius berichtet. Unter der Erhöhung versteht man die triumphale Rückführung des Kreuzes durch den griechischen Kaiser Heraklius, nachdem er es dem Perserkönig Khosrau entrissen hat. Beide Feste sind in Rom ungefähr seit dem Jahr 800 Brauch.[9]

Nun sieht man schon mit freiem Auge, dass es sich bei beiden Festen um Erinnerungen an Episoden handelt die lange nach dem Ereignis spielen, in dem das Kreuz seine Wichtigkeit gewonnen hat, welche Wichtigkeit von diesen beiden Festen natürlich vorausgesetzt wird. Tatsächlich bildet die Verehrung des Kreuzes ein Zentrum eines anderen Festes, nämlich des Karfreitags, dessen liturgische Texte es übrigens an materialistischen Konzeptualisierungen wie „Baum", „Laub", „Holz", „Trophäe" nicht fehlen lassen.[10] Jacobus de Voragine widmet auch der Passion eine Betrachtung, die im Wesentlichen den Berichten der Evangelien folgt. Das Kapitel von der Passion des Herrn folgt übrigens direkt auf dasjenige von der am 25. März gefeierten Verkündigung des Herrn, welche – wie man heute weiß – die direkte weil performative Ankündigung der Empfängnis und die indirekte Ankündigung der Geburt und die ganz entfernte Ankündigung weil Verschweigung des Leidens Jesu war. Zu dieser Berührung aber kommt es, weil Jacobus der faktisch zustandekommenden Ordnung des Kirchenjahres folgt, die aus einer Überlagerung der Missae de Tempore und der Missae de Sanctis besteht, wobei in diesem Falle noch dazu eine „natürliche" Zeitdauer – nämlich die neun Monate vor der Geburt – in den nur zwölf Monate dauernden Jahreskreis eingebaut wird. So kommt es also dazu, dass in der Legende wie im Kirchenjahr die – allerdings nicht so genannte – Empfängnis Jesu kurz vor seinem Tod liegt. Ich erwähne das deswegen, weil dieser kritische Punkt im Syntagma des Jacobus de Voragine von Piero della Francesca anscheinend direkt aufgegriffen wird.

Sehen wir uns nun die erste der beiden – weit auseinander liegenden – Legenden vom Kreuz an, so stellen wir gleich fest, dass sie sich nicht folgsam auf den Anlass des Festes beschränkt. Die Betrachtung „Von des heiligen Kreuzes Findung"[11] beginnt sofort damit, dass der eigentlich zu feiernden Findung vier weitere vorgeschaltet werden, die etliche Jahrhunderte bzw. Jahrtausende zurückliegen. Es wird eine Zeitbrücke geschlagen, die ins Neue und Alte Testament zurückreicht und damit natürlich auch das Ereignis der Kreuzigung überwölbt – es aber durchaus – überfliegt, da es sich ja nur um die diversen Findungen handeln soll. Es wird also der *Begriff von einem Ereignis* des 4. Jahrhunderts verwendet, um eine rücksichtslos selektive Genealogie anzuzetteln. Extreme Diskontinuität – aber auf dem Hintergrund einer wundersamen Kontinuität. Die so geschehende Rebiblisierung der Kaisergeschichte folgt einerseits der Zeitrichtung einer Retheologisierung, bringt es andererseits aber fertig, die Person Jesus völlig zu umgehen, und nur dem Instrument seines Werkes nachzugehen: dem Material und dessen Schicksalen. Die Rebiblisierung, die übrigens hauptsächlich apokryphen Texten folgt, führt in die Räume und Zeiten der Bibel eine neue *Parallelgeschichte* ein, die deswegen so diskontinuierlich sein muss, weil der Auffindung eine Verschwindung vorhergeht und womöglich nachfolgt, damit die Geschichte länger wird. Es handelt sich um Wechselfälle von Verbergung, ja Verwerfung und Wiederfindung und Verwendung, womit vielleicht schon wieder eine Verbergung anfängt.

Diskontinuität setzt logisch und faktisch Kontinuität voraus. Die Aszendenz reicht bis zur Stunde zurück, da Adam den Tod fühlt und um ein Öl vom Baum des Mitleidens bittet. Der Engel aber gibt Seth einen Zweig von dem Baum, von dem es in einer griechischen Geschichte heißt, dass er vom Baum der Sünde stammt. Das war die erste Findung. Der Zweig wird auf Adams Grab gepflanzt. Jacobus de Voragine fährt dann fort: „Ob dieses aber wahr sei oder nicht, lassen wir bei des Lesers Urteil, denn in keiner bewährten Historie oder Chronik finden wir es geschrieben."[12] Der daraus erwachsene Baum stand dann auf dem Libanon, bis Salomon – und das war die zweite Findung – sah, wie schön er war. Er wollte ihn zum Bau eines Waldhauses verwenden. Das Holz aber fügt sich nicht, so dass die Bauleute es verwarfen und man es schließlich als Brücke über einen See legte. Als die Königin von Saba Salomon zu besuchen kam und über diesen Steg musste, sah sie – und das war die dritte Findung –, wozu das Holz einst dienen werde, und kniete davor nieder. Als Salomon davon hörte, dass es zum Ende des Reiches der Juden führen werde, ließ er es entfernen und tief vergraben. Später wurde an dieser Stelle ein Teich angelegt. Zur Zeit Jesu, kurz vor seiner Hinrichtung, wurde es an die Oberfläche getrieben, die Juden nahmen es – das war die vierte Findung –, um daraus das Kreuz zu bereiten. Nicht ohne einen offenkundigen Widerspruch zu diesem einschlägigen Stammbaum wird dann berichtet, das Kreuz sei aus vier Holzarten gemacht, bzw. es sei aus vier unterschiedlichen Balken gezimmert, und nur über die Zuordnung der Bauteile des Kreuzes zu den Körperteilen des Gekreuzigten bekommen wir eine Anspielung auf die Kreuzigung. Nachher lag das Kreuzesholz jahrhundertelang in der Erde, bis es von Kaiserin Helena aufgefunden worden ist. Diese – also die fünfte – Auffindung hat ihrerseits wieder eine eigene Vorgeschichte, in der das Kreuz – inzwischen Zeichen geworden – in anderen Materialien auftaucht. Acht Jahre vorher – vor der Schlacht gegen Maxentius – hat Konstantin ein lichtes Kreuz gesehen und die goldenen Buchstaben „In hoc signo vinces". Daraufhin ließ er seine Feldzeichen in Kreuze verwandeln und nahm selbst ein goldenes Kreuz, um damit die Schlacht ohne Blutvergießen zu gewinnen.

Diese aus Geschichten zusammengestückelte Genealogie des Kreuzes umgeht, wie gesagt, fast völlig dasjenige, wozu das Kreuz gedient hat. Geschrieben wird die Geschichte des geringsten Dieners, des plumpesten Knechtes, des schwerfälligen und undurchsichtigen Holzes. Aber diese Geschichte ist nicht schlicht und einfach. Das Holz verweist selber schon in zwei Richtungen. Es verweist auf den Baum als auf seine Natur, d.h. Gewachsenheit, und auf den Bau als den Inbegriff seiner menschlichen Verwendbarkeit. Aber sowohl die Natur wie die Architektur (Architektur ist übrigens das deutsche Wort für Struktur – dies nur eine Zwischenbemerkung für die reinen Philosophen) sind bei aller Materialität oder, wenn man will, Substantivität doch auch Bereiche der Verbalität: also des Tuns und Leidens. Die Bäume tun wachsen – oder sie tun es nicht. Die Samen leiden den Wind, um fremde Erden zu finden. Die Laubdächer geben Schatten, bis sie den Frost erleiden müssen. Und schließlich oder hoffentlich nur zwischendurch leiden die Bäume das Menschentun, um dann an andern

Plätzen wieder das Stehen und Tragen leisten zu können. Das Verwenden beginnt mit einem Entwenden und immer führt es zu einem Eingehen – entweder gleich in die Erde oder in mehr oder weniger dauerhafte überirdische Künstlichkeiten. Die Bautätigkeit besteht darin, dass ein erstes Reich angegriffen, geschmälert wird, damit ein anderes an seine Stelle, an seine Seite gestellt wird. Eine Parallelaktion, die immer an dem Ast sägt, auf dem sie sitzt, auf dem sie agiert. Daran denken heißt innehalten und sehen, dass die selbstgebaute Vertikalität angewiesen ist auf eine anderweitige Standhaftigkeit und vielleicht auch, dass wir beide Vertikalitäten brauchen, um zum eigenen Selbststand zu gelangen – von dem ein Pfeiler gerade der Verstand ist. Der Verstand ist ein Pfeiler, ein innerer Pfeiler, ein schräger Pfeiler des menschlichen Stehenkönnens, das wiederum die Standkraft des Holzes braucht, die sich in den beiden parallelen Ständen des Baums und des Baus aufstellt.

So könnte man die zusätzliche Lehre der Legende von der Auffindung des Kreuzes formulieren, wenn man heute formuliert – und man formuliert immer heute, wenn man formuliert. In mein Lesen der Legende oder vielmehr Legendensammlung von ca. 1270 sind ja auch andere Erfahrungen eingegangen, zum Beispiel das Anschauen der Bildfassung eben dieser Legende von ca. 1460, zu der ich gleich kommen werde. Aber schon die Legende von ca. 1270 enthält zweifellos eine riesige Zusätzlichkeit gegenüber ihrem angeblichen oder wirklichen Zentralthema. Was ist von dieser Zusätzlichkeit zu halten? Ist es nur horror vacui, Fabulierkunst, Ausschmückung des Eigentlichen, Verdrängung des Eigentlichen? Es darf vermutet werden, dass in dieser halb wilden, halb sorgfältigen Kompilation doch ein Logos liegt. Und zwar nicht etwa ein ganz anderer, ein irgendwie neuer, zu dem wir uns jetzt geschwind bekehren oder zumindest bekennen müssen, wenn wir richtig „liegen" wollen. Sondern eben der Logos der Kompilation, der der Logos der Genealogie ist. Es hat nie einen andern gegeben – wozu auch? Der Logos der Genealogie ist die Kunst – aber auch die Not, Stämme und Stäbe zu spalten und zu ordnen, sie auseinanderzuklauben und sie zusammenzulesen und sie wieder... Es ist die Kunst und die Not des Verstandes, die darin bestehen, dass wir unseren eigenen Stand mit anderen Ständen *ver*gleichen und *ver*fremden können ... müssen. Wenn *der* Auffindung des Kreuzes vier frühere – teils königliche, teils andere – und darüber hinaus noch andere Erscheinungen und Reproduktionen vorgeschaltet werden, dann macht der, der das zusammenschreibt, auch die Genealogie seiner selber. Denn er ist ja selber mit diesem Kreuz gezeichnet und agiert – auch mit diesem Zusammenschreiben – in der Kirche, die über dem Grundriss des Kreuzes erbaut ist und in die womöglich ein wahres Stückchen von ihm eingebaut ist. Und er weiß, das heißt er schreibt, das heißt er schreibt ab, das heißt er liest aus hunderten Büchern und tausenden Buchstaben, dass seine Geschichte, ja seine Heilsgeschichte nicht nur aus einem Punkt, nicht nur aus dem Höhepunkt besteht – sondern eben aus Geschichten, aus Materialien, aus Erbauungen, Einbauungen und Verwerfungen. Die Legende ist zu lesen, weil darin ein Wissen steht, und zwar nicht etwa das Wissen schlechthin, das eine Wissen, welches alles Wissen ist – sondern ein anderweitiges Wissen. Die Legende ist zu lesen, weil das, was zu lesen ist, anderswo steht. Dort gewachsen, da gebaut, hier eingebaut und dort zubetoniert. Gleichzeitig kann von Wissen aber nur die Rede sein, wenn irgendjemand hier und jetzt etwas versteht, was gesagt, geschrieben, d.h. gebaut oder gewachsen steht. Und wenn er das Verstandene auch hier und jetzt sagt und möglicherweise schreibt, d.h. baut und wachsen lässt.

Bei Jacobus de Voragine hat dieses Sagen hauptsächlich die Form des Predigens. In Wahrheit ist nämlich seine so genannte Legende eine Predigtensammlung. Deswegen ist sie in die Form des Kirchenjahres gefasst, das von der Ankunft des Herrn bis zur Kirchweih reicht. Jacobus spricht von der Kirche aus, die bis zu ihm – mit allen Verwerfungen und Verbauungen – erbaut worden ist und an der er mit seinem Legendensammeln, Predigen, Predigtensammeln weiterbaut: genealogisch-kompilatorisch.[13] Er war ein Ordensbruder des Thomas von Aquin, der die Aufgabe des Predigers so formuliert hat: „cogitare et cogitata aliis tradere".[14] Das Kogitieren liest das, was bei anderen steht, um es und anderes zu verstehen. Danach oder daneben kommt das Agitieren, welches das Verstandene anderen an den Kopf wirft, damit auch sie kogitieren – letzten Endes, um zu stehen zu wissen. Jacobus de Voragine war Zeitgenosse mancher Bewegungen – die als umgewendete Kreuzzüge gedeutet werden können: Flagellanten, Ketzer, Ketzerverfolger, Franziskaner, Dominikaner. Bei diesen war er selber Mitglied und Führer – schied allerdings 1292 aus diesem Dienst aus.[15] Er scheint den Verstand nicht verloren zu haben – insofern ein Parallelphänomen zu Thomas zu Aquin.

Das hier angedeutete Diskursdispositiv lässt sich rautenförmig so aufzeichnen:

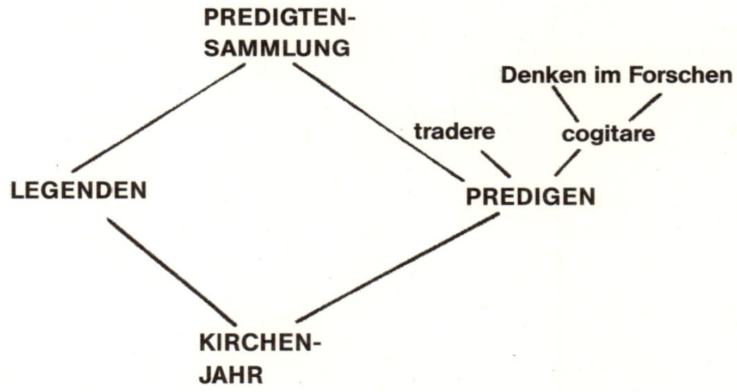

Uns interessiert aber jetzt, was fast zwei Jahrhunderte später ein anderer aus der so genannten *Legende vom wahren Kreuz* gemacht hat, indem er sie in den Chor der Kirche San Francesco in Arezzo hineingemalt hat. Auf die Biografie dieser Bilder und damit dieses Baues gehe ich nicht ein: weder auf die kunsthistorischen Fragen der Datierung, noch auf die wichtigen Fragen der Auftragserteilung und der Programmerfindung, auch nicht auf die Frage der Behandlung der Bilder durch die Jahrhunderte hinweg bis zur modernen Musealisierung.

Halten wir fest, dass es sich um eine Franziskanerkirche handelt, für deren Hauptkapelle eine angesehene Bürgerfamilie das Patronat hatte,[16] die wiederum zu einem Humanistenmilieu gehörte, welches an der damals versuchten Wiedervereinigung der lateinischen und der griechischen Kirche Anteil nahm. Das prekäre Verhältnis zur anderen Kirche ist von vielen Interpreten als ein Motivhintergrund der Fresken von San Arezzo betrachtet worden (so schon von Aby Warburg[17]). Übrigens war Jacobus de Voragine seinerzeit ebenfalls an einem ähnlichen, kurzfristig erfolgreichen kirchenpolitischen Unternehmen beteiligt.[18] So gibt es also zwischen dem Prediger und dem Maler eine – entfernte – Parallelität auf dieser Ebene, die bedeutsam ist, weil das Vortragen der Kreuzeslegende als ein kirchenhistorisches, d. h. -genealogisches Unternehmen gedeutet werden kann. Gerade die zweite Legende, die in nur zwei oder drei Episoden von der Erhöhung des Kreuzes handelt, konnte damals aktuell kirchenpolitisch verstanden werden: Geht es doch um die Entführung des Kreuzes durch einen heidnischen König und seine Wiedergewinnung durch den christlichen, allerdings griechischen Kaiser.[19]

Wenn ich Ihnen nun zu sagen versuche, was auf den Bildern steht, so will ich Ihnen nicht die Bilder zeigen, sondern Ihnen zeigen, was wo gemalt ist, wozu ich eine Skizze der drei bemalten Wände zeichne und Ihnen vorschlage, diese Skizze auf einem Blatt des Programms mit der originalen dreifachen Faltung nachzuzeichnen, damit Sie die räumliche Verteilung rekonstruieren können, und zum Anderen muss ich Ihnen natürlich weiter nacherzählen, was in der geschriebenen Legende steht; denn überall – in der Literatur – steht geschrieben, dass die Fresken in Arezzo die *Legende vom wahren Kreuz* „sind“.

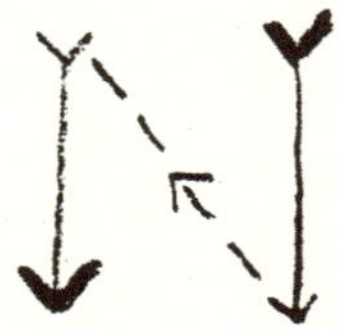

Die erste Szene der ganzen Geschichte steht rechts oben – wobei ich der Betrachter-Orientierung folge, obwohl nicht auszuschließen ist, dass diese Seite von der Sache her links ist. Jedenfalls widerspricht diese Reihenfolge derjenigen, die wir vom Bücherlesen gewohnt sind. Die vergleichbaren Zyklen in Volterra und in Florenz beginnen ebenfalls rechts oben, gehen dann schnurstracks herunter und setzen mit ihrer zweiten Hälfte links oben wieder an, zeichnen also für den an der richtigen Chronologie Interessierten so ein Schema:

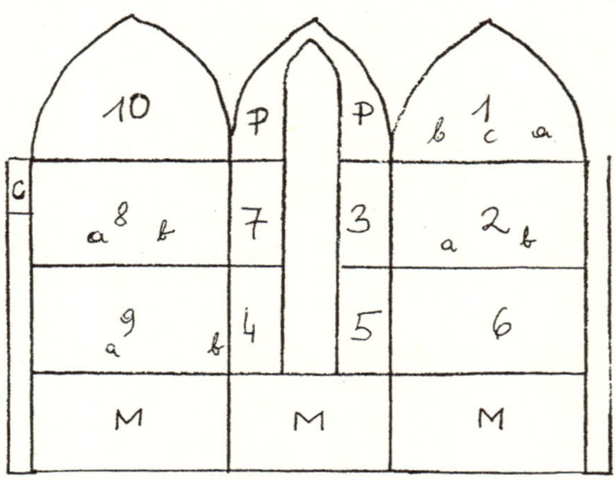

Unser Bild beginnt also ebenfalls rechts oben, steht von vornherein unter der Bedingung der Dreidimensionalität, da die beiden Seitenwände und die Frontwand bemalt sind, wobei dieses durch das Fenster geteilt ist (von dessen zu Anfang des 15. Jahrhunderts in Auftrag gegebenem Glasmosaik nichts erhalten ist). Auf dem ersten Bild sieht man fast unbekleidete Menschen, die so genannten Adamiten. Ganz rechts der sterbende Adam und seine Familie, links eine größere Gruppe mit dem Begräbnis, in der Mitte ein riesiger, das Bild teilender und beherrschender – übrigens entlaubter – Baum. Es handelt sich also um drei nacheinander zu denkende Episoden, die – von links gesehen – in der merkwürdigen Reihenfolge b c a zu denken sind. In der Darstellung wird die Dreierfolge durch eine Zweiteilung überlagert. Hier sieht man bereits ein Gestaltungsprinzip Pieros, das die Sukzession zwar nicht einfach ignoriert, ihr aber ein anderes Modell, ein Modell der Simultaneität, das mit Zweiteilung, Parallelität, Symmetrie operiert, aufzwingt und die Sukzession notfalls verwirrt. Die nächste Szene folgt in ihrer Platzierung dem üblichen Schema, sie liegt direkt darunter, dreht aber nun die auch hier enthaltene innere Sukzession wieder um, welche hier von a nach b geht: Links die das Brückenholz verehrende, rechts die den König Salomon begrüßende Königin von Saba. Die Zweiteilung bestimmt auch hier den Gesamteindruck, wird aber ganz anders herbeigeführt: links wird die Szene von Landschaft, rechts von Architektur bestimmt. Zusätzlich wird dann jede Hälfte auch in sich links und rechts akzentuiert: die linke durch zwei Räume, die rechte durch zwei Säulen bzw. Säulenreihen; die linke zusätzlich durch zwei Menschengruppen: die Knechte mitsamt den Pferden und die Damen; die rechte durch zwei Menschengruppen: die Damen (es müssen wohl dieselben sein, aber sie haben sich umgezogen – sind also an sich mindestens zur Hälfte doch andere) und die Herren. Dann aber macht die Reihenfolge einen Knick, und es schließt sich links das nächste Bild an, das auf den ersten Blick an die Kreuztragung Jesu erinnert. Kommen wir etwa doch in die Nähe der Kreuzigung? Nein, im Gegenteil. Jetzt ist es das Kreuzesholz – ein riesiger Balken mit ausgeprägter regelmäßiger Maserung, der wie ein breiter Schräglinksbalken das Bild in zwei Teile teilt: einen mit Menschen und einen ohne, jetzt ist es das Kreuzesholz, das zum Verschwinden verurteilt worden ist und dorthin abgeschleppt wird. Die nächste Episode springt nach links unten. Es ist die wohlbekannte Szene der Verkündigung. Nicht die Herstellung des Kreuzes wie anderswo, sondern der erste Moment der allerdings noch völlig unsichtbaren menschlichen Existenz Jesu wird gezeigt. Zeitlich also keine offenkundige Annäherung an die Kreuzigung, substantiell aber doch eine deutliche Annäherung an das Subjekt, d.h. das Objekt der Kreuzigung. Statt der Lilie trägt der Engel einen Zweig von einem andern Baum – den Palmenzweig der Märtyrer. Und das Gesicht Mariens ist nicht nur von Schrecken, sondern auch von Schmerz gezeichnet. Dieses Bild, das als Einschub in die Kreuzeslegende eine Szene aus dem Neuen Testament zeigt, treibt sozusagen zur Kompensation das formale Grundmotiv der Fresken auf die Spitze: Es macht das Kreuz zum Gerüst des Bildes und kreuzt die Zweiteilung links-rechts ganz deutlich mit der Zweiteilung oben-unten, die aber auch in den anderen Bildern zu sehen ist. Hier kommt es zu einer Vierteilung: unten Engel und Mensch, die sich in der Marmorhalle gegenüberstehen; oben links der märchenhaft aus einer Wolke herausschauende Gottvater, der nach rechts hinunter etwas Gelbes auszugießen scheint; oben rechts der erste Stock über der Halle: die arme Behausung Mariens. Alles das lässt das Kreuz aufeinanderprallen.

Die nächste Szene liegt auf derselben Ebene rechts vom Fenster. Ein hohes Zelt mit einem Liegenden drin; davor ein Sitzender und zwei Stehende, von denen einer seine Lanze aufrecht, der andere seine waagrecht hält. Das Textile des Zeltes wird von parallelen und symmetrischen, geschwungenen Diagonallinien gebildet; aber den Aufriss seiner Struktur bildet ein Kreuz. Links oben kommt ein Engel heran, um dem Schlafenden das Kreuz zu verkünden – wie im Bild vorher der unwissenden Maria, die selber ein Zelt ist mit ihrem blauen Mantel über dem mächtigen roten Kleid mit dem hoch angesetzten blauen Gürtel, von links und von oben etwas eingegeben wird. Rechts anschließend das Schlachtenbild, das von oben die Zweiteilung übernimmt, die aber hier durch eine Leere in der Mitte hergestellt wird. Zwischen den beiden Heeren ein stilles Tal, ein Fluss und das vom Kaiser vorgestreckte kleine Kreuz, das ganz weiß ist, vielleicht aus Elfenbein.[20] Die Soldaten haben keineswegs ihre Feldzeichen in Kreuze verwandelt. Über Konstantins Heer schwebt der große schwarze Reichsadler auf gelbem Grund, dem allerdings die Form des Kreuzes, ja des Gekreuzigten, nicht ganz abzusprechen ist.

So haben die bisherigen Bilder mit einigen Exkursen ihren Weg nach unten vollendet. Nun aber springt die Reihenfolge nach links in die mittlere Ebene. Neben der Präfiguration der Kreuztragung erscheint eine Postfiguration der Kreuzigung: Ein anderes, ein pyramidenförmiges Gestell aus drei Hölzern dient dazu einen Hebräer, der Judas heißt, einer wirklichen Folter zu unterwerfen, damit er das wahre Kreuz verrate. Er verrät es nach sieben Tagen Hunger und Durst in der Zisterne auch wirklich. Es war vergraben, und der Kaiser Hadrian hatte darüber einen Tempel der Venus bauen lassen, „auf dass, so ein Christ dort anbetete, es alsdann schiene, dass er der Göttin Venus diene; darum so ging niemand mehr zu der Stätte, und war sie fast ganz vergessen. Den Tempel ließ die Königin bis in den Grund zerstören und ließ die Statt ackern und pflügen".[21] Das war bekanntlich die römische Methode. Auf dem Bild sehen wir links den die drei Kreuze ausgrabenden Judas und rechts die Erprobung des einen Kreuzes durch die Auferweckung eines Toten mit seiner Hilfe. Wie das gegenüberliegende große wird auch dieses Bild durch zwei Hintergrundgestaltungen zweigeteilt. Links dominiert eine hochgelegene Stadt in der Ferne, rechts eine nahe und sorgfältig ausgeführte klassische Fassade mit rötlichen und grünlichen Porphyrplatten und sehr runden Kreisen sowie einige angrenzende Stadthäuser. Handelt es sich bei dieser Fassade mit der breiten vertikalen Mittelachse, die oben horizontal abgeschnitten ist, um die von Helena für das Kreuz erbaute Kirche? Das wäre ein bisschen schnell, aber vieles spricht dafür. Jedenfalls mehr als für die der Legende widersprechende, aber von Pierluigi de Vecchi vertretene Version, dass es doch – noch – der Venustempel ist. Mit dieser Fassade – es gibt nur am linken Rand eine stark verkürzte Andeutung von einer Tiefenerstreckung des Gesimses – hat Piero della Francesca etwas gemalt, von dem man nicht weiß, ob es ein Schrein ist oder ein Bild. Und wenn es ein Schrein ist – enthält er dann das Kreuz oder was? Und ist es ein Bild – wovon ist es Bild? Geht der Pfahl in der Mitte nicht doch ins Bläuliche statt ins Grünliche?

Das nächste Bild ist wieder eine Schlacht ganz unten. Aber hier gibt es keine klare Zweiteilung zwischen den Parteien. Unübersehbar ist das Getümmel aus Pferden, leichtgeschürzten Athleten und gänzlichen Eisenmännern. Oben bei den Fahnen ist das Kreuz nur ein Zeichen neben vielen. Fast versteckt gibt es mitten im Gewirr einen schräg gehaltenen Schild, der die Geometrie des Gewirrs mit seiner Quadrierung anzuzeigen scheint. Ich zitiere Philip Hendy: „the nodal point of the design is the oval shield of the foot-soldier, quartered so that the lines which cross in it provide literally the crux: the crux of who knows what complicated geometric scheme in disguise, for disorder could not be so firmly ordered if there were not an armature of geometric calculation."[22] Im Gegensatz zum anderen Schlachtenbild zeigt dieses hier noch etwas anderes. Es zeigt nicht eine Schlacht, die vom Kreuz klar entschieden wird; sondern eine, die ein Kreuz ist, und rechts an den Rand gedrängt eine Szene von unerhörter Tücke. Der besiegte König kniet fast verschmitzt, wie der eben zitierte Engländer sagt, in philosophischer Resignation, den Todesstreich erwartend. So als wäre er nicht besiegt. Hinter ihm sein Werk: „Dieser Cosdras wollte von den Menschen angebetet werden als ein Gott, darum ließ er sich einen Turm bauen von Gold und Silber und leuchtendem Edelgestein, und setzte darauf der Sonne, des Mondes und der Gestirne Bild; auch hatte er Röhren machen lassen in dem Turm gar heimlich und subtil, daraus er Wasser von oben goß in Regens Weise, als wäre er Gott; unter dem Turm aber in einer unterirdischen Höhle gingen Rosse im Kreis und zogen schwere Wagen um, davon war es, als ob der Turm würde bewegt, und ward ein Getöse gleich einem Donner. In diesem Heiligtum saß der Unheilige, nachdem er das Reich seinem Sohne hatte übergeben, und stellte das Kreuz Christi neben sich und gebot, dass jedermann ihn Gott heiße. Im Buche *De Mitrali officio* liest man, dass Cosdras auf dem Thron saß als Gott der Vater, und hatte zur Rechten das Kreuzesholz als den Sohn, und zur Linken einen Hahn als den heiligen Geist; und hieß sich nennen Gott den Vater."[23] Der Thron ist leer, aber er steht noch unversehrt mit dem eingebauten wahren Kreuz. Und der entmachtete König, der die gewöhnliche politische Macht ohnehin schon längst freiwillig abgegeben hat – Piero della Francesca malt ihn in Gesicht und Gestalt ganz wie den Gottvater von gleich nebenan.

Es ist die Legende selbst, die davor warnt, derlei als garantiert überwundenen heidnischen Frevel abzutun. Denn auch der siegreiche christliche Kaiser hat grundsätzlich so gehandelt und das Kreuz sich angeeignet. Es waren die Steine der Stadtmauer, die ihm das klar machten. Das letzte Bild ist wieder ganz oben – gegenüber den Adamiten. Wieder ist die Natur – jetzt sind es zwei Bäume – machtvoll. Mindestens annähernd so mächtig wie die beiden anderen Elemente: das wieder und wieder gefundene und gebaute usw. Kreuz und die Mauer der Stadt. Mit mancherlei Umwegen ist der Zyklus wie ein U oder V – aber ein sehr verzeichnetes – wieder hinaufgekommen. Die Abwege waren nötig, damit die Parallelen zustande kommen. Die aber bedeuten keine sichere und endgültige Harmonie, sondern die Unaufhörlichkeit des Gegenüber, wobei die Qualitäten und die Dimensionen der Gegenüberstellungen variabel und unvorhersehbar sind. Gegenüberstellungen zwischen dem einen Zelt und dem andern, der einen Schlacht und der andern, dem einen Judas und dem andern, dem einen Gottvater und dem andern.

Was aber ist mit dem Gottsohn? Sind wir nicht in einer christlichen Kirche? Sollte sich nicht alles um ihn drehen? Gewiss hat in der Zentralachse, wohl in der Öffnung zum Chor, ein Altar zu stehen, der ein Kruzifix trägt, also den Moment zeigt, der das Kreuz wichtig macht. Aber die Ausführlichkeit des Drumherum, die Sorgfältigkeit der Vermeidung jeder Darstellung Jesu in der weitläufigen Legende hat System: ist das System oder sagen wir das Syntagma der Kreuzeslegende. Gott Vater wird gezeigt *und* parodiert. Ähnlich der Heilige Geist. Von Jesus sieht man nur das Instrument seiner Menschwerdung und im Übrigen das Instrument seines Unternehmens. Dieses

Werkzeug ist so materiell und so schicksalsreich, dass es selber zu einem riesigen Thema werden kann. Und zwar zu einem Thema, das noch über jenes Unternehmen hinausweist. Es ist so undurchsichtig, dass es sehr gut sichtbar ist und das an ihm Befindliche je nachdem unsichtbar machen kann. So hat Piero della Francesca, der Maler der festen Gewänder, der riesigen Hüte, der eisernen Ganzpanzer, des hermelinenen Zeltes und vielleicht der idealen Stadt, Jesus hier extrem von außen, gerüstet, indirekt gemalt. Er hat ihn auch anders gemalt – etwa bei seiner Taufe[24] und bei seiner Audienz für den eisernen Herzog in Brera, wo die geradezu ausschweifende Lockerheit des Babys durch seinen Schlaf kompensiert werden muss, damit die für die damals übliche Darstellung der Sexualität Christi vorgeschriebene Balance von Sexualität und Unschuld gewahrt bleibt.[25]

Mit der Kreuzeslegende von Arezzo befinden wir uns aber am Gegenpol zu jeder Direktheit und Christozentrik.[26] Damit er gerade beim Zentralthema des Christentums diese Indirektheit so kraftvoll und gedankenreich durchhalten konnte, scheint Piero eine Art Gegenzentrum gebraucht zu haben. Jedenfalls hat er eins dazu gemalt: ein Epizentrum am Rand. Links außen. Von der Mitte des Kirchenschiffs aus gesehen. Am Eingangsbogen zur Apsis der Hauptkapelle sind einige nur zum Teil erhaltene Heilige und Engel gemalt. Übrigens gibt es auch im engeren Bereich der Kreuzeslegende oben zwischen dem ersten und dem letzten Bild zwei statuarische Bilder: zwei junge Männer, die als Propheten gelten. Aber im Eingangsbogen gibt es links oben auch einen richtigen Gott – und zwar nicht so einen abgeschnittenen wie den Gottvater. Sondern einen ganzen und ganz gezeigten Gott. Auch von ihm heißt es, dass er die Liebe ist. Auch er operiert mit einem instrumentum amoris, das aus zwei Hölzern besteht, die sich kreuzen müssen, damit es funktioniert. Er heißt Amor, oder nennen wir ihn Cupido. Der steht links oben neben der Auffindung des Kreuzes, die neben der Erprobung stattfindet, die sich vor der schönen Fassade abspielt. Seine Augen hat er verbunden, als würde er gerade seines Amtes walten. Aber er hat sein Kreuz auseinander genommen. Der Bogen hängt ihm wie ein zweiter, d. h. dritter Flügel senkrecht von der Schulter herab.[27] Den Pfeil aber scheint er wie eine Lanze nach rechts unten werfen zu wollen, wo die mit dem wahren Kreuz beschäftigt sind. Im Übrigen steht er vor einem grünlichen Hintergrund, seine beiden – natürlichen – Flügel sind rötlich. Pfeil und Bogen scheinen vergoldet. Die Augenbinde ist weiß und der Leib von Elfenbein. Vielleicht hat Piero della Francesca diesen kleinen Gott als eine Art Gegen-Jesulein, als eine Art Parallel-Baby gebraucht. Jedenfalls hat er ihn gemalt – und zwar direkt an den Rand der *Legende vom wahren Kreuz*. Mitten in einer christlichen Kirche. Antichrist? Katechon? Vielleicht braucht man eine kleine Liebe, um von der großen nicht aufgelöst zu werden. Vielleicht steht der Venustempel noch. Giebel von Elfenbein. Weiß umrandete dunkle Kreise mit goldenen Knöpfen in der Mitte. Stumpfe Winkel und spitze. Klar klingende Tangenten. *Parallele Barren.*

Auszug aus: Walter Seitter, *Piero della Francesca. Parallele Farben,* Merve Verlag, Berlin 1992.

1 = Stein der Fränkischen.

2 Laut Gerhard Wahrig, *Deutsches Wörterbuch* (Gütersloh, 1971): 3160, ist „schon" das Adverb zu „„schön' mit der Bedeutung ‚in schöner Art u. Weise', im 13. Jahrhundert auch ‚vollständig'; daraus die heutigen Bedeutungen". Jacob Burckhardts Ausdruck „Festwesen" aufgreifend hat Aby Warburg darauf hingewiesen, dass bildende Kunst häufig etwas voraussetzt, was schon besteht und zwar schön und zwar künstlich. Siehe auch Walter Seitter, „Starkes Geschlecht. Newtons Beitrag zum Menschenbild". In: Thomas Ziehe, Eberhard Knödler-Bunte (Hg.), *Der sexuelle Körper* (Berlin, 1984): S. 122.

3 Vgl. Carlo Ginzburg, *Indagini su Piero* (Torino, 1981): S. 30 ff.

4 *Die Legenda aurea des Jacobus de Voragine* aus dem Lateinischen übersetzt von Richard Benz (Heidelberg, 1955). Hinfort zitiert unter: Benz.

5 Vgl. Benz: II.

6 Vgl. Maria von Nagy, Niklas Christoph de Nagy: *Die Legenda aurea und ihr Verfasser Jacobus de Voragine* (Bern-München, 1971): S. 26. Hinfort zitiert unter: Nagy.

7 Vgl. Benz: XXVII.

8 Vgl. Benz: XXI.

9 Vgl. *Das vollständige Römische Meßbuch lateinisch und deutsch mit allgemeinen und besonderen Einführungen im Anschluß an das Meßbuch von Anselm Schott O.S.B.* (Freiburg, 1951): S. 882.

10 Vgl. ebenda: S. 397.

11 Vgl. Benz: 349 ff.

12 Benz: S. 350. Leider gibt Benz nicht an, wie er zu seiner altertümelnden Übersetzung kommt – ob er etwa der von ihm hochgehaltenen ersten deutschen Ausgabe aus dem Jahr 1362 folgt.

13 Bis 1292 hatte Jacobus hohe Ordensämter inne. Als er Erzbischof von Genua wurde, verstand er das als einen „Sprung in die Öffentlichkeit" (Nagy: S. 85) und fügte seinem schriftstellerischen Werk noch die *Chronica civitatis Januensis* (1297) an.

14 Nagy: S. 12.

15 Siehe Fußnote 13.

16 Die meisten Angaben entnehme ich Pierluigi de Vecchi, *L'opera completa di Piero della Francesca* (Milano 1967): S. 91 ff.

17 Aby Warburg, „Piero della Francescas Constantinschlacht in der Aquarellkopie des Johann Anton Ramboux". In: *Atti del X Congresso Internazionale di Storia dell'Arte in Roma* (Roma, 1912): S. 326 f. Neuerdings ist es stark hervorgehoben worden von Carlo Ginzburg, *Indagini su Piero* (Torino, 1981).

18 Vgl. Nagy: S. 81.

19 Vgl. Benz: S. 698 ff.

20 Vgl. Oreste del Buono, in: Pierluigi de Vecchi, *L'opera completa di Piero della Francesca* (Milano, 1967): S. 8.

21 Benz: S. 355.

22 Philip Hendy, *Piero della Francesca and the Early Renaissance* (London, 1968): S. 89.

23 Benz: S. 699. (Cosdras = Khosrau)

24 Siehe dazu auch Walter Seitter, *Piero della Francesca. Parallele Farben* (Berlin, 1993): S. 7 ff.

25 Siehe dazu Leo Steinberg, *The sexuality of Christ in Renaissance art and in modern oblivion* (New York, 1983).

26 Was herauskommt, wenn man beim Thema des Kreuzes bleibt, aber das Holz durch das Glas ersetzt, ist vor kurzem in Kalifornien erprobt worden. Siehe Marjorie Gortner, „The Gospel According to Larry". In: *Hustler* 10/11 (Los Angeles, 1984).

27 Zum Engelsflügel bei Piero della Francesca siehe auch Walter Seitter, *Piero della Francesca. Parallele Farben* (Berlin, 1993): S. 22 ff.

A Legend of a Piece of Wood

Walter Seitter

Again, I will not actually be making a contribution to theoretical opinion-making. Instead, I shall introduce something that someone else made. Shifting and focusing the original topic a little, I will refer to a legend of a piece of wood. Of course, immediately the question is raised whether this is something made by someone. Is it possible for one specific person to create a legend?

I speak of – or perhaps I should say speak on – the *Legend of the True Cross,* which was painted often in the late mediaeval period and in one church by Piero della Francesca.[1] So it seems that the artist did something with a legend that presumably already existed. Comparisons to other cycles of paintings of this kind show[2] that the legend as painted by Piero della Francesca differs with respect to some of its iconic elements. However, this does not tell us whether he himself, a commissioning client, or a commissioned expert asserted or invented the version of the programme at Arezzo.

But we also encounter problems when asking about the *Legend of the True Cross* that supposedly existed already. In fact, this legend is a part of what was known even at the time as the Golden Legend, which circulated under the author name Jacobus de Voragine, but which the author himself referred to as 'collected legends'. Written circa 1270,[3] this is a book – though Jacobus himself speaks of 'books', in the plural[4] – that contains 177 individually named legends. The anthologist does not attempt to conceal his shaky authority as author. The individual studies are assembled, in the main, from various stories or versions, and the origins are often cited: 235 source works are named.[5] Besides the Holy Scriptures, such authoritative sources include Dionysius Areopagita, the Church fathers, the Historia ecclesiastica, the Historia scholastica or the Gospel of Nicodemus, from which a completely different version of the discussion of truth between Pilate and Jesus was taken, for instance. The compilation does not attempt to conceal itself as such, nor does it avoid occasional evaluations: the compiler expresses his doubt about certain reports, but not until he has carefully recounted them first. The numerous criticisms or justifications of the Golden Legend since the 16th century, occasionally vilifying it as an 'iron' legend,[6] exist since the book's first appearance – at least as alternative projects – simply because it became a huge success very rapidly. The beginnings of criticism, however, can already be found in the book itself, insofar as it pieces together its elements in a recognisably heterogeneous manner. It is a kind of Thesaurus, and an analysis of its own riches is quite familiar to it. The first individual title taken from outside, by the way, appears to have been the legenda nova,[7] which demonstrates the inherent historical tension of such a work very well.

Now, the so-called *Legend of the True Cross* is not taken as such and in its entirety from the Golden Legend – for it is not to be found there: that is, the inner order of the Golden Legend follows the course of the Church year; each of the 177 festivals or rather Sundays in the year is taken into account by one reflection. But the Roman calendar – I do not know whether this still applies to the post-Vatican, i.e. Vatican calendar – has two relevant holidays: the celebration of the Discovery of the Holy Cross on May 3 and the celebration of the Elevation of the Holy Cross on September 14. The discovery is the celebration initiated by Empress Helena in the year 320, which St. Ambrosius was the first to report. The elevation should be understood as the triumphal return of the Cross with the Greek Emperor Heracles after he had snatched it from the King of Persia, Khosrau. Both holidays have been customary in Rome since around the year 800.[8]

It is quite clear that these festivals commemorate episodes that took place long after the event in which the cross gained its significance, which is naturally a precondition to the importance of those two holidays. In fact, the worship of the cross is at the heart of a different festival – that is, Good Friday, the liturgical texts of which actually display no lack of materialistic conceptualisations such as 'tree', 'branches', 'wood' or 'trophy'.[9] Jacobus de Voragine also devotes a reflection to the Passion, which essentially follows the reports of the Gospels. The chapter on Christ's Passion follows directly upon that of his Annunciation, celebrated on March 25, which – as we know today – was the direct, because performative, annunciation of his conception, the indirect proclamation of Jesus' birth, and the very distant proclamation of – because it concealed it – Jesus' suffering. But this adjacency comes about because Jacobus follows the emergent order of the Church year, which comprises an overlapping of the Missae de Tempore and the Missae de Sanctis, whereby in this case a 'natural' period of time – in other words the nine months before the birth – is also built into the annual cycle of twelve months. Thus, in the legend as in the Church year, the conception of Christ – although not cited as such – lies shortly before his death. I mention this because Piero della Francesca apparently adopted this critical point in Jacobus de Voragine's syntagm directly.

If we look now at the first of the two legends of the Cross – greatly distanced from each other –, we soon see that they are not dutifully restricted to the occasion for the holiday. The meditation 'on the Discovery of the Holy Cross'[10] begins immediately by saying that, in actuality, the discovery to be celebrated was preceded by four more that lay several centuries or millennia in the past. A bridge is constructed over time, reaching back into the New and the Old Testaments and thus overarching the event of the crucifixion and – certainly – skimming over it, as the intention is to concern itself only with the various discoveries of the cross. Use is made, therefore, of the *concept of an event* in the 4th century in order to instigate a ruthlessly selective genealogy. Extreme discontinuity – but against the background of a miraculous continuity. On the one hand, the re-Biblification of the Empress' story that occurs in this way produces a kind of retrospective theologising; on the other hand, it succeeds in completely evading the person of Jesus, and in investigating only the instrument of his life's work: its materials and vicissitudes. The re-Biblification, which follows mainly apocryphal texts, introduces a new *parallel story* to the worlds and times of the Bible – a story that is necessarily discontinuous, because discovery must be preceded and possibly followed by a disappearance, meaning that the story gets longer. It is all about the vicissitudes of concealment, even disavowal, rediscovery and utilisation, through which means concealment perhaps begins all over again.

Discontinuity presupposes logical and factual continuity. This ascendancy extends back to the time when Adam felt the presence of death and asked for oil from the tree of mercy. But the angel gives Seth a branch from a tree which is said to have originated from the tree of death, as a Greek account suggested for the first time. This was the first discovery. The branch was planted on Adam's grave. Jacobus de Voragine continues: 'However, we leave it to the reader to judge whether this is true or not, for it cannot be found written in any reliable history or chronicle.'[11] The tree that grew from this branch then stood on Lebanon, until Solomon – and that was the second discovery – saw how beautiful it was. He wished to use it to build a house for himself in the woods. But the wood refused to be worked and so the builders rejected it. It was finally laid across a lake and used as a bridge. When the Queen of Sheba came to visit Solomon she was obliged to cross this pier and she saw – and this was the third discovery – the purpose to which the wood would be put one day; she knelt down in worship before it. When Solomon heard that the wood would lead to the end of the Kingdom of the Jews, he had it removed and buried deep in the earth. Later, a pond was created in the same place. At the time of Jesus, shortly before his execution, it floated up to the surface, and the Jews took it – that was the fourth discovery – to fashion the cross from it. Not without obvious contradiction to this specific tree of origin, it was later reported that the cross had been made from four types of wood or that it comprised four different beams. We only arrive at a reference to the crucifixion by attributing the cross's elements of construction to the limbs of the Lord crucified. Afterwards, the wood of the cross lay in the earth for centuries, until it was discovered by the Empress Helena. This – that is, the fifth – discovery has a prehistory of its own, in which the cross – having meanwhile become a symbol – appears in different materials. Eight years earlier – before the battle against Maxentius – Constantine had seen a cross of light and the golden letters 'In hoc signo vinces'. Upon seeing this, he had his emblems of battle changed to crosses and wore a golden cross on his own person; this helped him to win the battle without bloodshed.

As said before, this genealogy of the True Cross patched together from many stories avoids the purpose served by the cross almost completely. What has been written is the story of the lowest of servants, the clumsiest of menials – the dense, dark wood. But this story is not plain and simple. Already, the wood itself points in two directions. It points to the tree in its nature, in other words to the fact of its growth, and it points to construction as the epitome of its usability for man. But both nature and architecture (architecture, by the way, is the German word for structure), despite all their materiality or, if you will, substantiality, are also verbal fields: that is, areas of doing and suffering. The trees do grow – or they do not. The seeds abandon themselves to the wind in order to find new, foreign earth. The roofs of foliage provide shadow until they suffer frost. And finally, or hopefully only in between, the trees suffer human activity, in order to stand again and function as a support in different places. Use begins with appropriation and always culminates in the wood going into something – either straight into the ground or into more or less enduring artefacts above ground. This construction activity first consists of an intrusion into and narrowing of an existing realm, so that another can be set in its place or by its side. A parallel action which always saws at the branch on which it is sitting, on which it is acting. Thinking about this means stopping short and seeing that the verticality one has created is dependent on steadfastness elsewhere, and that perhaps we need both instances of verticality in order to achieve our own personal steadfastness –

one pillar of which is understanding, of course. Understanding is one pillar, an inner pillar, a tilted pillar of the human ability to stand upright, which calls in turn for the steadfastness of wood, which stands erect in two parallel structures: the tree and the building.

One could describe the further lesson of the legend of the Cross's discovery in this way, if one were expressing it today – and one always is expressing something today, if one is expressing anything at all. Naturally, other experiences have entered into my reading of the legend or rather of the collection of legends dating from ca. 1270. They include my viewing of the pictorial version of this legend dating from ca. 1460, to which I will be coming shortly. But without doubt, the legend of ca. 1270 also contains a huge number of additional aspects by comparison to its supposed or true, central subject. What should we make of these additional aspects? Is it only *horror vacui,* the art of the fable, elaboration of the true theme, or suppression of the true subject? One may suppose that there is some logic in this half-wild, half-careful compilation, surely? And indeed, if we wish to 'be' right, we don't have to be rapidly converted to a completely different logic, one that is somehow new. It is simply the logic of compilation, which is also the logic of genealogy. There was never any other – what for? The logic of genealogy is the art – but also the necessity – of splitting and arranging trunks and staffs, of taking them apart and gathering them together again and again... It is the art and necessity of understanding, which comprises our ability, even our need, to *com*pare our standing with the standing of others and *con*trast it... If *the* discovery of the Cross is preceded by four earlier – partially royal, partially other – discoveries and also by other appearances and reproductions, then the person who writes all this down also creates his own genealogy. For he is marked by this cross and he acts – also in the process of writing things down – within the church, which is constructed on the outline of the cross and into the construction of which, possibly, a part of the True Cross has been integrated. And he knows, which means he writes, which means he copies, which means he reads from hundreds of books and thousands of letters that his story – yes, his story – of salvation consists of more than one point, it is not only the high point; it consists of stories, materials, edifications, inclusions and rejections. The legend can be read because it contains knowledge, and naturally this is not knowledge *per se,* the one knowledge that is all knowledge – but knowledge from elsewhere. The legend can be read because what can be read there also stands elsewhere. Growing there, constructed there, built here and made concrete over there. At the same time, however, we can only speak of knowledge when someone understands, here and now, something that is said, written – i.e. stands constructed or growing here – and if he also says what he has understood here and now and possibly even writes it, i.e. constructs it and allows it to grow.

In the case of Jacobus de Voragine, this saying takes the predominant form of preaching. In fact, his so-called legend is actually a collection of sermons. That is why it is written to follow the Church year, which continues from the coming of the Lord to the consecration of the Church. Jacobus speaks from within the Church, which has been built – together with all its rejections and mistaken constructs – up until his time and on which he continues to build with his collecting of legends and sermons, in the manner of genealogical compilation.[12] He was a friar in the Order of Thomas Aquinas, who described the task of the preacher in the following way: 'cogitare et cogitata aliis tradere'.[13] 'Cogitation' means reading what can be found in the works of others in order to understand the subject and other matters. After or besides this, there is agitation, which reveals what one has understood to others, so that they can cogitate as well – ultimately, in order to stand, to know. Jacobus de Voragine was a contemporary of many movements that can be interpreted as inverted crusades: flagellants, heretics, persecutors of heretics, Franciscans, Dominicans. He was a member and leader of the latter – although he left the order's service in 1292.[14] He does not appear to have lost his understanding – and to this extent, he was a parallel phenomenon to Thomas Aquinas.

The pattern of discourse shown above can be illustrated in the shape of a rhombus, like this:

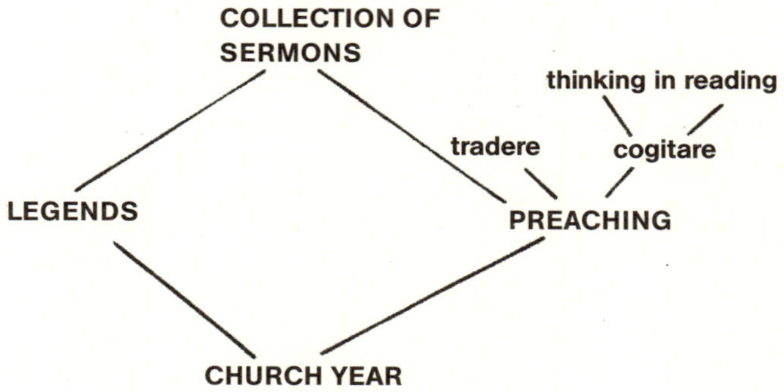

But our interest now turns to what a different man made of the so-called *Legend of the True Cross* almost two centuries later, painting it into the choir of the Church of San Francesco in Arezzo. I will not go into the biography of these paintings and thus of the building: into art-historical questions of dating, or the important questions of who commissioned the work and devised the programme, or the handling of the paintings through the centuries up until their modern reception in a quasi museum context.

Let us note, however, that this is a Franciscan church and that a well-regarded bourgeois family were patrons of its main chapel.[15] They also belonged to a humanist circle, which was involved in the reunification of the Latin and Greek Churches being attempted at that time. The precarious relations with the other Church have been seen by many interpreters as a motivating background to the frescoes of San Arezzo (for example, by Aby Warburg).[16] By the way, Jacobus de Voragine was also involved in a similar enterprise of Church politics, successful for a short time.[17] So there is a – distant – parallelism between the preacher and the painter on this level, which is significant because reporting the Legend of the Cross can be interpreted as an enterprise of Church history, i.e. – as genealogical. The second legend in particular, which deals with the Elevation of the Cross in only two or three episodes, could be understood as a contemporary issue of Church politics at that time: since it is about the abduction of the Cross by a heathen King and its recovery by a Christian, although Greek, Emperor.[18]

Moving on to a discussion of what is in the paintings, my intention is not to show the images to you, but to indicate to you what is painted where. With this purpose in mind, I will draw a sketch of the three painted walls. I suggest that you copy this sketch onto a sheet of the programme with the original triple folds, so that you can reconstruct the spatial arrangement. On the other hand, of course, I must continue to tell you what is said in the written legend, for everywhere – in the pertinent literature – you will read that the frescoes in Arezzo 'are' the *Legend of the True Cross*.

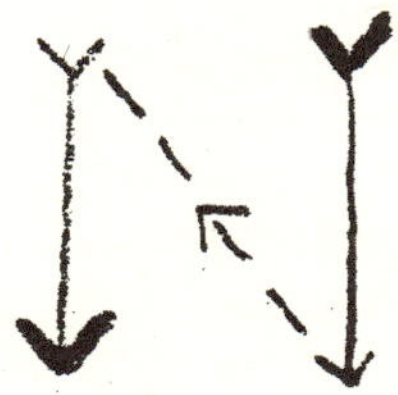

The very first scene of the story is at the top right – as seen from the viewer's orientation, although we cannot exclude the possibility that this side is the left, from the point of view of the subject. Certainly this sequence contradicts the order that we are accustomed to when reading. The comparable cycles in Volterra and Florence also begin at the top right, running straight down to the bottom and beginning again with a second half at the top left; that is, for those interested in the correct chronology, they depict this type of scheme:

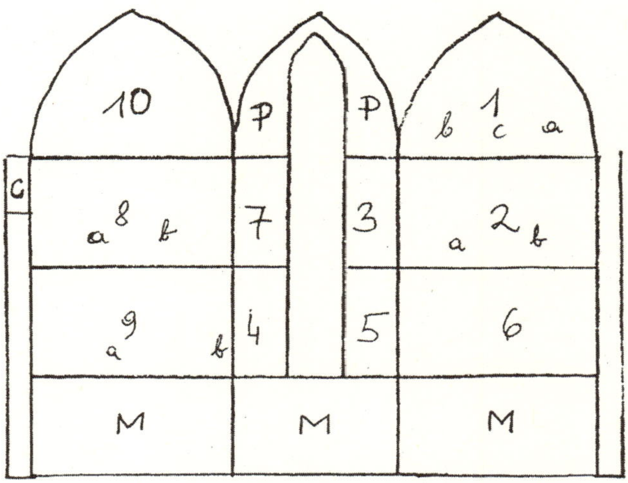

Our painting also begins at the top right; it has a three-dimensional quality, as the two side walls and the front wall are painted and the latter is divided by the window (none of its stained glass, commissioned at the beginning of the 15th century, has survived). In the first image we see almost-naked people, the so-called Adamites. On the far right is Adam, dying, and his family; on the left a larger group together with his burial; and in the middle an immense tree – lacking foliage, by the way – which divides and dominates the image. So this shows three episodes that should be regarded as consecutive; indeed, seen from the left they should be understood in the rather strange order B C A. The sequence of three is overlaid in the depiction by a division into two. Here, we already see a principle of Piero's design. He does not simply ignore the aspect of sequencing, but he forces a different model onto it – a model of simultaneity that operates using a division into two – parallelism and symmetry – and confuses the sequence when necessary as a result. The placement of the next scene follows the customary scheme; it is directly below this one, but turns the inner succession contained here around again, so that it runs from A to B. On the left is the Queen of Sheba worshipping the wood of the bridge, on the right she is greeting King Solomon. Here, a division into two also defines the overall impression, although it is achieved in a completely different way: on the left, the scene is defined by landscape, on the right by architecture. In addition, each half is also accentuated into a left and a right part: the left-hand side by means of two clearly differing areas, the right by two pillars or rows of pillars; the left once more by two groups of people – the servants together with the horses and the ladies; the right also by two groups of people – the ladies (surely they must be the same ones, but they have changed their clothes, so they are essentially different, after all, at least half of them) and the men. Then, however, the order turns a corner, and the next image abuts on the left. At first glance, this is reminiscent of Christ carrying the cross. Are we getting close to the crucifixion here, after all? On the contrary. Now it is the wood of the cross – a huge beam with a noticeable, regular grain – which divides the image into two parts like a wide bar sloping to the left: one part with people and one without. Here, the wood of the cross is being carried away, condemned to disappear. The next episode jumps across to the bottom left. It is the well-known scene of the Annunciation. Rather than the making of the cross, as shown elsewhere, this portrays the first moment of Christ's human existence – still completely invisible, however. Temporally, this is not a noticeable move towards the crucifixion, but in substance, it represents an obvious approach to the subject, or rather the object of the crucifixion. Instead of a lily, the angel is carrying a branch from a different tree – the palm branch of martyrs. And Mary's face is not only marked by shock, but also pain. This image, which shows a scene from the New Testament inserted into the Legend of the Cross, brings to a head – quasi as compensation – the basic formal motif of the frescoes: it makes the cross into the framework of the painting and intersects the division into two from left to right quite clearly with a division into two from top to bottom. However, this can also be observed in other pictures. A division into four emerges here: below are the angel and Mary facing one another in the hall of marble; at the top left is God the Father, looking down from a cloud in fairy-tale fashion. He seems to be pouring something yellow down to the right; at the top right we see the first floor above the hall: Mary's poor dwelling place. The cross allows all these scenes to meet and confront one another.

The next scene can be found on the same level, but to the right of the window. It shows a lofty tent with a man lying inside; in front of this, one man sitting and two standing; the lance of one of them is held upright, that of the other horizontally. The cloth of the tent is formed by parallel, symmetrical, curving diagonal lines; but the outline of its structure takes the form of a cross. At the top left, an angel approaches to proclaim the cross to the sleeping man – just as in the previous image something is added from above and to the left of the innocent Mary, who is a tent herself with her blue cloak over the immense red dress and blue, high-tied belt. Adjacent on the right is a picture of the battle, which adopts the division into two from above, although it is created here by means of an empty centre. Between the two armies there is a quiet valley, a river, and the small cross held out by the Emperor, which is all white, perhaps made of ivory.[19] The soldiers have not changed their emblems of battle into crosses at all. Above Constantine's army the huge black imperial eagle hovers against a yellow background; one cannot entirely deny, however, that this echoes the form of the cross, even of Christ crucified.

So the preceding pictures have completed their path downwards, albeit with some detours. But now the sequence springs to the left, onto the central level. Beside the pre-figuration of the carrying of the cross, a post-figuration of the crucifixion appears: a different framework shaped like a pyramid, made of three pieces of wood, subjects a Hebrew named Judas to physical torture so that he divulges the place of the True Cross. After seven days hunger and thirst in the cistern, he actually betrays it. It had been buried and Emperor Hadrian had built a temple of Venus above it, 'so that as soon as any Christian worshipped it there, it would seem that he was serving the goddess Venus; for that reason, no one went to the site and it was almost forgotten. The Queen had the temple destroyed, right down to its foundations and the ground cultivated and ploughed over'.[20] That was, as we all know, the Roman method. At the left of the picture we see Judas digging out the three crosses, and on the right one of these crosses is being tested in that it is being used to raise a dead man. Like the large painting opposite, this picture is divided by two background concepts. The left side is dominated by a raised city in the distance, on the right there is a carefully realised classical facade in close-up, with reddish and greenish panels of porphyry and very round circles, as well as some adjacent town houses. Is this facade, with its central, wide and vertical axis cut off horizontally at the top, the church that Helena had constructed for the cross? That would be rather quick work, but there is much to support the supposition. More, in any case, than supports the version contradicting the legend, but proposed by Pierluigi de Vecchi: that it is – still – the temple of Venus. With this facade – there is only an abbreviated suggestion at the very edge, on the left with the cornice, of any extension into depth – Piero della Francesca painted something that cannot be clearly identified as either a shrine or a picture. If it is a shrine – does it contain the Cross, or what? And if it is a picture – what is it a picture of? Does the upright post in the middle tend towards the bluish rather than greenish, perhaps?

The next picture is another battle, right at the bottom. Here, however, there is no clear division between two sides. We cannot avoid seeing the chaos of horses, loin-clothed athletes and men clad entirely in iron. The cross is just one symbol among many, at the top among the flags. Almost hidden in the midst of this jumble there is a shield held obliquely, the quartering of which seems to indicate the geometry of the confusion. I quote Philip Hendy: 'the nodal point of the design is the oval shield of the foot-soldier, quartered so that the lines which cross in it provide literally the crux: the crux of who knows what complicated geometric scheme in disguise, for disorder could not be so firmly ordered if there were not an armature of geometric calculation.'[21] By contrast to the other battle picture, this one also shows something else. It does not present a battle that is clearly decided by the Cross, but one that *is* a cross: pushed to the very edge, on the right, there is also a scene of unprecedented malice. The vanquished king kneels with philosophical resignation, with a dry, almost arch expression, as Philip Hendy also points out, waiting for the final act of death. As if he were not vanquished. Behind him we see his own work: 'This Cosdras wished to be worshipped by his people like a god, and so he had a tower built of gold and silver and precious stones, and set upon it images of the sun, the moon and the stars; he also had secret, subtle pipes constructed inside the tower, from which he poured water from above as if he were God; but under the tower, in a cave below ground, horses walked in circles pulling heavy carts, which made it seem as if the tower was being moved, and making a huge noise like thunder. The unholy man sat in this holy place after he had passed on the kingdom to his son, and he placed the Cross of Christ by his side and ordered every man to call him God. In the book *De Mitrali officio,* one reads that Cosdras sat on the throne as God the Father, and the wood of the cross was at his right hand like the son, and to his left was a cockerel like the Holy Spirit, and he made people call him God the Father.'[22] The throne is empty, but it is still standing unharmed with the True Cross incorporated. And as for the king deprived of power, who had given up the customary political power long ago anyway, voluntarily – Piero della Francesca paints his face and his figure exactly as he had painted God the Father in the very next painting.

It is the legend itself that issues a warning against dismissing this kind of thing as heathen frivolity now surely overcome. For, basically, the victorious Christian emperor acted in the same way when he took the cross into his own possession. The stones in the city wall make this clear. The final picture is right at the top again – opposite the Adamites. Nature – now in the shape of two trees – is powerful once more. At least, almost as powerful as the other two elements: the cross – repeatedly found and erected – and the wall of the city. After various detours, the cycle has come back up again like a U or a V – but one rather badly drawn. The detours were necessary so that the parallels could emerge. But they do not signify a secure, ultimate harmony; instead, they underline the unending quality of the counterpart, whereby the differences are variable and unpredictable. Comparisons between one tent and the other, one battle and the other, one Judas and the other, one God the Father and the other.

But what about the Son of God? Are we not in a Christian church? Shouldn't everything centre on Him? Certainly an altar stands in the central axis, probably in the opening to the choir, and there would be a crucifix on it – in other words, a depiction of the moment that makes the cross important. But the great detail of what is all around this, the careful avoidance of any depiction of Jesus in the rambling legend, this is all the result of a system: it is the system or should we say the syntagm of the Legend of the Cross. God the Father is shown *and* parodied, as is the Holy Spirit. All one sees of Jesus is the instrument of his becoming man and also the instrument of his sacrifice. This tool is so material and so fateful that it is able to develop into a huge theme in itself. Even into a theme that points beyond that sacrifice. It is so non-transparent that it is clearly visible and thus able to make whatever there is beside it invisible, if one so wishes. And so here Piero della Francesca, the painter of solid robes, huge hats, iron armour, ermine tents and perhaps the ideal city, has painted Jesus from an extreme outside perspective, made ready, indirectly. He also painted him differently – for example at his baptism[23] and in audience with the armour-clad Duke of Urbino in the Brera Altarpiece, where he had to compensate for the infant's pudgy baby-fat by painting him asleep, so that he preserved the prescribed balance between sexuality and innocence when portraying Christ's sexuality at that time.[24]

But the Legend of the Cross in Arezzo takes us to the counter-pole of directness and Christocentric teaching.[25] In order to maintain this indirect approach so powerfully and imaginatively when painting the absolute central theme of Christianity, Piero appears to have made use of a kind of counter-centre. Or at least he painted an additional one: an epicentre at the edge, on the outside left, as seen from the centre of the nave. By the entrance arch to the main chapel's apse, he painted some saints and angels, now only partially preserved. For that matter, in the more immediate area of the Legend of the Cross at the top, between the first and the last picture, there are also two statue-like images: two young men who look like prophets. But by the entrance arch at the top left there is a true god – and this time he is not cut off, as God the Father was. It is a whole god, shown in his entirety. He is sometimes considered to represent Love. He operates with an *instrumentum amoris* consisting of two pieces of wood which need to cross in order to work properly. His name is Eros, but we also call him Cupid. He stands at the top left, near the discovery of the cross, which takes place beside its test, set in front of the beautiful facade. His eyes are blindfolded as if he is practising his official duties. But he has taken his cross apart. The bow hangs down vertically from his shoulder like a second or rather third wing.[26] But he seems about to throw his arrow like a lance towards the bottom right, where people are busy with the True Cross. He also stands in front of a greenish background; his two – natural – wings are reddish. Bow and arrow glisten in gold. The blindfold is white and his body appears to be made of ivory. Perhaps Piero della Francesca used this little god as a kind of counter Christ child, a kind of parallel baby. But whatever the reason, he still painted him – even on the edge of the *Legend of the True Cross.* Right in the middle of a Christian church. Antichrist? The Katechon? Perhaps we need a small love to avoid being annihilated by the greatest love of all. Perhaps the temple of Venus is still standing. Gables of ivory. Dark circles framed in white with golden buttons at the centre. Rounded and pointed corners. Clearly resounding tangents. *Parallel bars.*

Excerpt from: Walter Seitter, *Piero della Francesca. Parallele Farben,* published by Merve Verlag, 1992.

1 = Stone of the Frankish (Lady).
2 Cf. Carlo Ginzburg, *Indagini su Piero* (Torino, 1981), p. 30ff.
3 *Die Legende aurea des Jacobus de Voragine,* translated from the Latin by Richard Benz (Heidelberg, 1955). Cited below under: Benz.
4 Cf. Benz, II.
5 Cf. Maria von Nagy, Niklas Christoph de Nagy, *Die Legenda aurea und ihr Verfasser Jacobus de Voragine* (Bern-Munich, 1971), p. 26 (cited below under: Nagy).
6 Cf. Benz, XXVII.
7 Cf. Benz, XXI.
8 Cf. *Das vollständige Römische Meßbuch lateinisch und deutsch mit allgemeinen und besonderen Einführungen im Anschluß an das Meßbuch von Anselm Schott* O.S.B. (Freiburg, 1951), p. 882.
9 Cf. ibid., p. 397.
10 Cf. Benz, p. 349ff.
11 Benz, p. 350. Unfortunately, Benz does not indicate how he arrived at his antiquated-sounding translation – whether he follows the first German edition from 1362 that he so praises, for example.
12 Jacobus held important offices in the Order until 1292. When he became Archbishop of Genoa, he saw it as a 'leap into the public eye' (Nagy, p. 85) and added the *Chronica civitatis Januensis* (1297) to his work as an author.
13 Nagy, p. 12.
14 See footnote 13.
15 Most information is taken from Pierluigi de Vecchi, *L'opera completa di Piero della Francesca* (Milan, 1967), p. 91ff.
16 Aby Warburg, 'Piero della Francescas Constantinschlacht in der Aquarellkopie des Johann Anton Ramboux'. In: *Atti del X Congresso Internazionale di Storia dell'Arte in Rome* (Rome, 1912), p. 326f. It has been very much emphasised recently by Carlo Ginzburg, *Indagini su Piero* (Torino, 1981).
17 Cf. Nagy, p. 81.
18 Cf. Benz, p. 698ff.
19 Cf. Oreste del Buono, in: Pierluigi de Vecchi, *L'opera completa di Piero della Francesca* (Milan, 1967), 8.
20 Benz, p. 355.
21 Philip Hendy, *Piero della Francesca and the Early Renaissance* (London, 1968), p. 89.
22 Benz, p. 699. (Cosdros = Khosrau)
23 See the essay on 'The Baptism of Christ' in Walter Seitter, *Piero della Francesca. Parallele Farben* (Berlin, 1992), p. 11ff.
24 On this, cf. also Leo Steinberg, *The Sexuality of Christ in Renaissance Art and in Modern Oblivion* (New York, 1983).
25 Recently, an experiment was carried out in California to see what happens if one retains the theme of the cross, but replaces the wood with glass. See Marjorie Gortner, 'The Gospel According to Larry'. In: *Hustler* 10/11 (Los Angeles, 1984).
26 On angels' wings by Piero della Francesca see Walter Seitter, *Piero della Francesca. Parallele Farben* (Berlin, 1992), p. 23ff.

Daniela Hölzl

Lebt in Wien und Düsseldorf.
Autorin: Kunsttheorie, Texte für Künstler, Neigung zu Philosophie und Poesie.
Vermittlerin: Leitung von *entre-raum für experimentelle bildtheorie*; Konzeption von thematischen Ausstellungen; Programmgestaltung Galerie Cora Hölzl, Düsseldorf.//

Lives in Vienna and Düsseldorf.
Author: Art theory, texts for artists, affinity for philosophy and poetry.
Mediator: Direction of *entre-raum für experimentelle bildtheorie*; conception of thematic exhibitions; programme planning, Galerie Cora Hölzl, Düsseldorf.

Walter Seitter

Lebt in Wien und beschäftigt sich philosophisch mit Fragen der Anthropologie, der Politik, der Ästhetik und der Physik. Manchmal reist er nach Deutschland, Frankreich, Spanien, Italien oder Griechenland. Jüngste Veröffentlichung: *Poetik lesen* (Berlin, 2010).//

Lives in Vienna and engages in philosophical reflection on questions of anthropology, politics, aesthetics and physics. Sometimes he travels to Germany, France, Spain, Italy or Greece. Most recent publication: *Poetik lesen* (Berlin, 2010).

[3–16] ***Archivkarten//Archive Cards***
14 Karten aus der Sammlung eines unbekannten Gelehrten, 2008 antiquarisch erworben//
14 cards from the collection of an unknown scholar, bought second hand in 2008

BILDVERZEICHNIS // LIST OF ILLUSTRATIONS

[17, 72, 78] ***O.T.//Untitled***, 2010
Acryl auf Leinwand, Zeitungsausschnitte//
Acrylics on canvas, newspaper cuttings
70 x 50 cm
Courtesy Galerie Cora Hölzl, Düsseldorf,
Steinle Contemporary, München//Munich

[24–25, 34, 36] ***O.T.//Untitled***, 2010
Beize, Acryl, Holz//Wood stain, acrylics, wood
130 x 120 x 10 cm
Courtesy Galerie Cora Hölzl, Düsseldorf,
Steinle Contemporary, München//Munich

[33] ***O.T.//Untitled (Erdogan)***, 2008
Acryl auf Leinwand, Zeitungsausschnitt//
Acrylics on canvas, newspaper cutting
70 x 100 cm
Courtesy Steinle Contemporary, München//Munich

[35, 36–37, 40] ***Auffindung//Discovery***, 2010
Acryl auf Leinwand//Acrylics on canvas
130 x 300 cm
Courtesy Galerie Cora Hölzl, Düsseldorf

[37, 38–39, 41] ***Schlacht 1 (Sieg Konstantins)//Battle 1 (Constantine's victory)***
2008
Acryl auf Leinwand, Archivkarte, Fotografie//
Acrylics on canvas, archive card, photograph
130 x 300 cm
Courtesy Galerie Cora Hölzl, Düsseldorf

[42, 43] ***Traum//Dream***, 2008
Acryl auf Leinwand, Archivkarte, Fotografie//
Acrylics on canvas, archive card, photograph
180 x 100 cm
Courtesy Galerie Cora Hölzl, Düsseldorf

[45, 53] ***O.T.//Untitled***, 2010
Acryl auf Leinwand//Acrylics on canvas,
40 x 30 cm
Courtesy Galerie Cora Hölzl, Düsseldorf,
Steinle Contemporary, München//Munich

[52, 54, 56] ***Eingrabung//Burial***, 2010
Acryl auf Leinwand, Archivkarte, Fotografie//
Acrylics on canvas, archive card, photograph
180 x 100 cm
Courtesy Galerie Cora Hölzl, Düsseldorf

[53, 55, 56–57] ***Verkündigung//Annunication***
2010
Acryl auf Leinwand, Archivkarte, Fotografie//
Acrylics on canvas, archive card, photograph
180 x 100 cm
Courtesy Galerie Cora Hölzl, Düsseldorf

[53, 57] ***Folter//Torture***, 2010
Acryl auf Leinwand, Archivkarte, Fotografie//
Acrylics on canvas, archive card, photograph
180 x 100 cm
Courtesy Galerie Cora Hölzl, Düsseldorf

[58–67] ***Parabase***, 2008
2-Kanal-Installation, HD-Cam//Two-channel installation, HD-cam
je//each 42 min, s/w//b/w, Ton//sound
Kamera//Camera: Markus Otto
Schnitt//Editing: Beatrice Babin, Lale Özdönmez
Assistenz//Assistants: Sven Jakstat, Volkan Kisiltunc
Courtesy Galerie Cora Hölzl, Düsseldorf,
Steinle Contemporary, München//Munich

[68–69, 70–71, 72] ***Saba//Sheba***, 2010
Acryl auf Leinwand, Archivkarte, Fotografie,
Zeitungsausschnitte//Acrylics on canvas, archive card, photograph, newspaper cuttings
130 x 300 cm
Courtesy Galerie Cora Hölzl, Düsseldorf

[72, 79] ***O.T.//Untitled***, 2010
Acryl auf Leinwand / Acrylics on canvas
70 x 50 cm
Courtesy Galerie Cora Hölzl, Düsseldorf,
Steinle Contemporary, München//Munich

[73, 74–75] ***Sirkeci***, 2008
1-Kanal-Installation, HD-Cam//Single channel installation, HD-cam
24 min., s/w//b/w, Ton//sound
Courtesy Galerie Cora Hölzl, Düsseldorf,
Steinle Contemporary, München//Munich

[73, 76–77] ***Schlacht 2//Battle 2 (Khosrau)***, 2009
Acryl auf Leinwand, Fotografie//Acrylics on canvas, photograph
130 x 300 cm
Courtesy Galerie Cora Hölzl, Düsseldorf

Piero della Francesca, *Die Legende vom wahren Kreuz//The Legend of the True Cross*,
Freskenzyklus//Fresco Cycle, San Francesco, Arezzo, 1452–1466

[26] *Transport des heiligen Holzes// Burial of the Wood*, 356 x 190 cm

[29] *Schlacht zwischen Konstantin und Maxentius//Battle between Constantine and Maxentius*, 322 x 764 cm

[30] *Auffindung und Prüfung des wahren Kreuzes//The Finding and the Proofing of the Cross*, 356 x 747 cm

[46] *Transport des heiligen Holzes// Burial of the Wood*, 356 x 190 cm

[49] *Anbetung des hl. Holzes und Begegnung zwischen König Salomon und der Königin von Saba// Sheba Adores the Wood and the Meeting of King Solomon and the Queen of Sheba*
336 x 747 cm

[50] *Schlacht zwischen Heraklius und Khosrau// The Battle of Heraclius and Khosrau*, 329 x 747 cm

BIOGRAFIE // BIOGRAPHY

SIMON WACHSMUTH

1964 Geboren in Hamburg, lebt und arbeitet in Berlin. // **1964** Born in Hamburg, lives and works in Berlin.

1984–87 Studium der Malerei, Universität für Angewandte Kunst, Wien // Study of Painting, University of Applied Arts, Vienna
1987–95 Studium der Visuellen Mediengestaltung, Universität für Angewandte Kunst, Wien // Study of Visual Media Design, University of Applied Arts, Vienna

Stipendien / Preise // Grants / Awards

2003 Msgr. Otto Mauer-Preis, Wien // Msgr. Otto Mauer Prize, Vienna
2003 Stipendium des Landes Niedersachsen // Grant from the State of Lower Saxony, Schloss Bleckede an der Elbe
1989 Prix Ars Electronica, Auszeichnung für Computeranimation // Commendation for computer animation, Linz

Einzelausstellungen (Auswahl) // Solo Exhibitions (selection)

2010 *Aporia / Europa*, Galerie im Taxispalais, Innsbruck
2008 *Mnemosyne*, Steinle Contemporary, München // Munich
Eight Minutes, Galerie Hohenlohe, Wien // Vienna
Demonstration IV, Galerie Cora Hölzl, Düsseldorf
2007 *A Way of Considering Two Things Together*, The Physics Room, Christchurch, Neuseeland // New Zealand
2006 *Die Dinge kann ich nicht mehr sehn, wie ich sie einmal sah*, Kunstraum Dornbirn
2005 *Demonstration*, Galerie Stadtpark, Krems
2004 *Of Copying*, Galerie Hohenlohe & Kalb, Wien // Vienna
2003 *Earlgrey*, Galerie Cora Hölzl, Düsseldorf
2001 Galerie Hohenlohe & Kalb, Wien // Vienna
1996 Ausstellungsraum // Exhibition space Büchsenhausen, Innsbruck
1990 Galerie Gawlik & Schorm, Wien // Vienna

Gruppenausstellungen (Auswahl) // Group Exhibitions (selection)

2010 *Atlas*, Reina Sofia, Madrid
To the Arts, Citizens!, Museo Serralves, Porto
Seven Little Mistakes, Museo Marino Marini, Florenz
squatting. erinnern, vergessen, besetzen, Temporäre Kunsthalle, Berlin
Tanzimat, Augarten Contemporary, Wien // Vienna
2009 *What Keeps Mankind Alive*, 11. Istanbul-Biennale, Istanbul
Die Ruhe ist ein spezieller Fall der Bewegung, Kunstmuseum Vaduz / Liechtenstein (mit // with Eran Schaerf und // and Frantisek Lesák)
2007 documenta 12, Fridericianum, Kassel
2006 *Soleil Noir*, Salzburger Kunstverein, Salzburg
Liminal Spaces, Galerie für Zeitgenössische Kunst, Leipzig
2005 *Kritische Gesellschaften (Critical Societies)*, Badischer Kunstverein, Karlsruhe
The Government: Be what you want but stay where you are, Witte de With, Rotterdam
2004 *The Government: How do we want to be governed*, Miami Art Central, Miami
Die Regierung: Handlungen, die Handlungen setzen, Kunstraum der Universität Lüneburg // University of Lüneburg
2003 *Interieur / Exterieur*, Remise, Bludenz (mit // with Arye Wachsmuth)
2002 *Organisational Forms*, Galeria SKUC, Ljubljana; Hochschule für Grafik und Buchkunst, Leipzig
2001 *Das Subjekt und die Macht*, Haus der Künstler // House of Artists, Moskau // Moscow
Emerging Artists, Sammlung Essl // Essl Collection, Klosterneuburg, mit // with Arye Wachsmuth und // and Lux Flux
1999 *Illusion, Free Space, Forever Young*, NICC, Antwerpen // Antwerp
1994 *Premio Furla*, Fondazione Querini Stampalia, Venedig // Venice
1993 Österreichisches Kulturinstitut // Austrian Cultural Institute, New York
1992 *Life between Artefact and Nature*, 18. Triennale di Milano, Palazzo dell'Arte, Mailand // Milan
1991 *Bildlicht*, Museum des Zwanzigsten Jahrhunderts, Wien // Vienna
Die Augen der Minerva, Salzburger Kunstverein, Salzburg
Im Licht des Monitors, Grazer Kunstverein, Graz

Bibliografie (Auswahl) // Bibliography (selection)

The Center for Digital Art, Holon, Israel, *Liminal Spaces, Reader, 2009*
Augarten Contemporary, Wien // Vienna, *Tanzimat* (Kat. // cat.), 2009
Kunstraum Dornbirn, *Simon Wachsmuth: Die Dinge kann ich nicht mehr sehn, wie ich sie einmal sah* (Kat. // cat.), 2007
Simon Wachsmuth, „Where we were then, where we are now", in: documenta, *documenta 12 – Katalog // catalogue*, 2007
WHW, Ilkay Baliç (Hg. // ed.), *What Keeps Mankind Alive? 11th International Istanbul Biennial Reader*, 2009